データサイエンス入門以前

データを正しく読み取るための基礎知識

静岡
阿

技術評論社

はじめに　『データサイエンス入門以前』に関するQ&A

Q. 『データサイエンス入門以前』という書名について、「データサイエンス入門」はわかるけど、なぜその「以前」なんですか？

A. データサイエンスは、いま政府がすべての学生にデータサイエンスを学ばせるということで話題になっています。正確には、数理・データサイエンス・AIですが、データサイエンスで代表させることもよくあります。データサイエンスの隣にデータリテラシーという分野があります。データリテラシーというのは読み書きする能力や技術のことなので、データリテラシーというのは、データを読み書きする能力や技術のことです（読み書きの内容については後ほど説明します）。データサイエンスとデータリテラシーは、私は図1のような関係になっていると考えています。つまり、データサイエンス入門とデータリテラシーは、内容が一部重なっていて、どちらとも言えないところがあり、そ

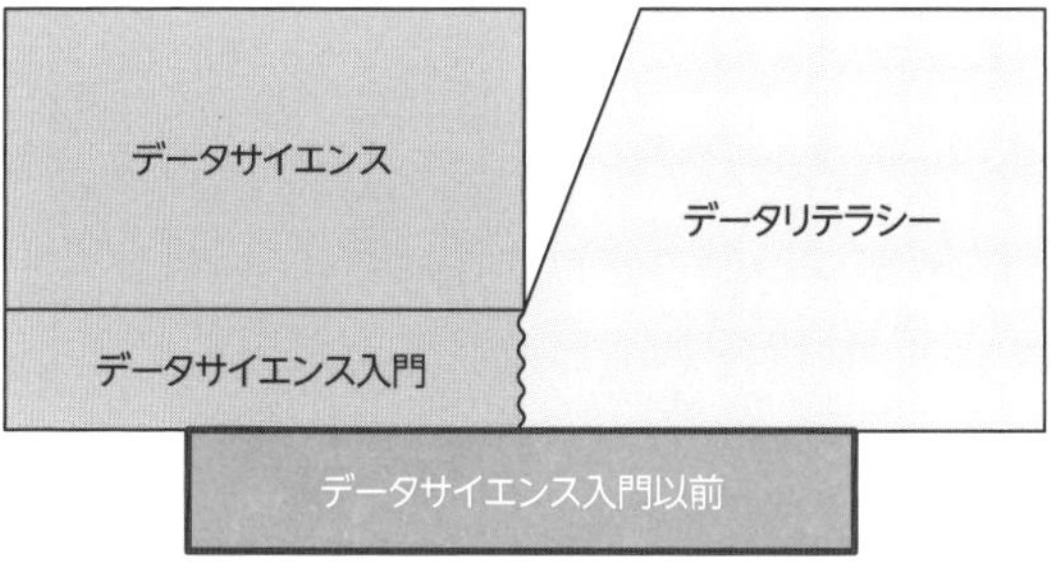

図1　データサイエンスとデータリテラシーの関係

れからデータサイエンスとデータリテラシーに分かれていきます。この共通部分への入り口が「データサイエンス入門以前」という表現になったわけです。

Q. データを読み書きする能力や技術とはどんなものですか？

A. 簡単に言うと次の4つになります。

① 必要なデータは何かを考えて、それを見つけたり作り出したりする力
② データを用意して、それを適切に示す力
③ 与えられたデータを読み解く力
④ データにだまされない力

①と②が書く側で、③と④が読む側にあたります。正直なところ、この本は①と②が比較的手薄くなっています。一方で③と④から、こんなふうにデータを作ればいいのかとか、こういうデータの見せかたは良くないのだな、という①と②で気をつける点もわかってくるという仕組みになっています。

Q. 先生は以前『よくわかるデータリテラシー』（近代科学社）という本も書いていますが、この本とはどのような関係がありますか？

A. 『よくわかるデータリテラシー』はデータサイエンスの基礎として、統計も扱っています。本書は統計を知らなくても読めるように、あの本へのさらに「以前」という位置づけで書いています。

目次

第1章

データとは
——データを基にして考える

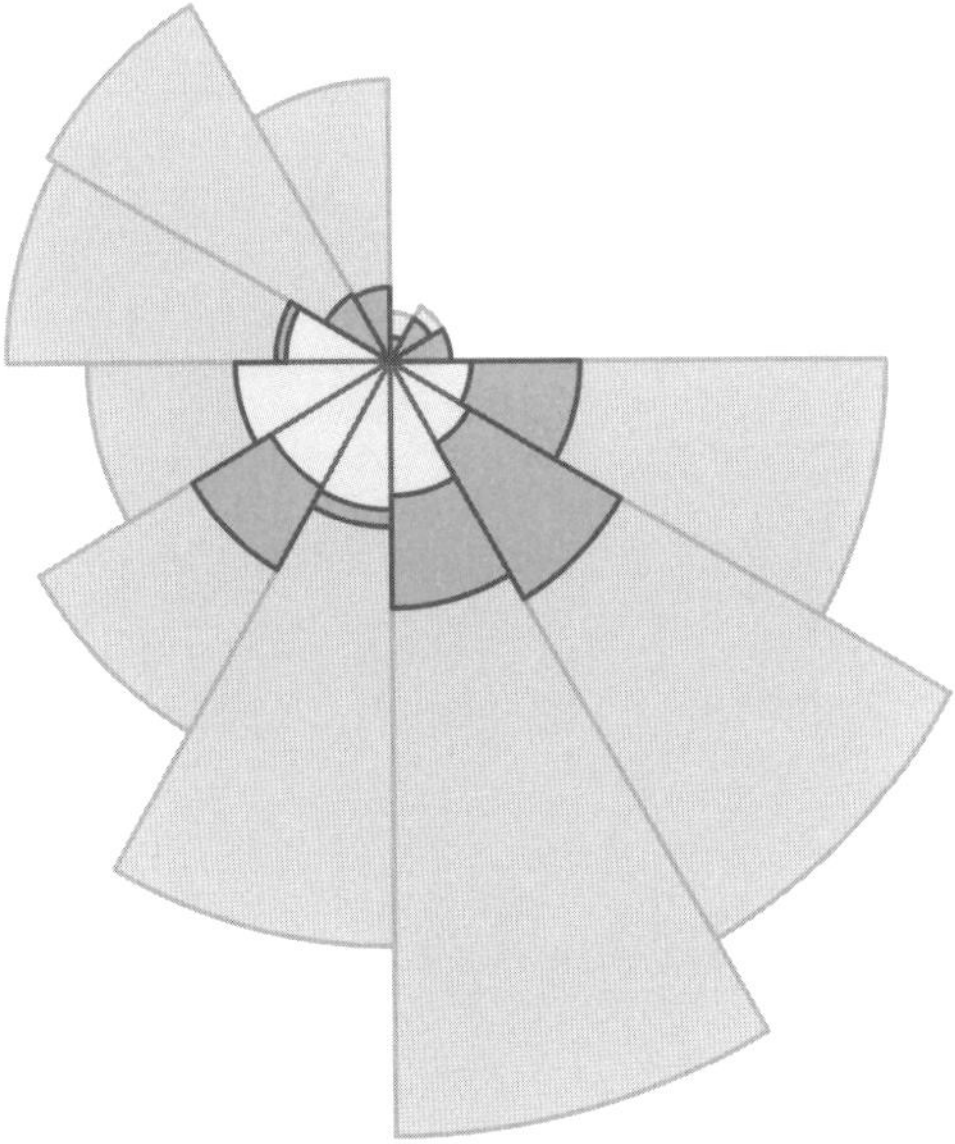

1.1 データで説得したナイチンゲール

データを活用した人物としてナイチンゲール[注1]がいます。ナイチンゲールはクリミア戦争（1853年～1856年のイギリス、フランス、オスマン帝国対ロシアの戦争）のイギリス軍陣地へ視察に派遣されました。そこで彼女は看護活動をしたのですが、戦死者よりも野戦病院へ収容された後の死者のほうが多いことに驚きました。図1－1は、彼女が上司らへ野戦病院の環境改善を訴える手紙に付けた図の一つです。

見た目は円の形をしたグラフですが、今の円グラフとは異なり、円周方向は一ヶ月ごとに12等分されています。このグラフは1854年4月から1855年3月の死者を表しています。死者の数は円の外側方向への高さで表されます。三重になっている内側の2つの高さが戦死者数、それより外側の高さが収容後の死者数です。確かに、戦死者数よりも収容後の死者数のほうが多いことが示されています。収容後の死者数が多かったのは、衛生状態が悪かったためであることが後日明らかになり、改善されて死者数が大幅に減ったそうです。戦争で亡くなる人の多くは戦場で亡くなるというイメージを覆したのにも、「衛生状態が悪い」というだけでは伝わらない具体

注1　Florence Nightingale

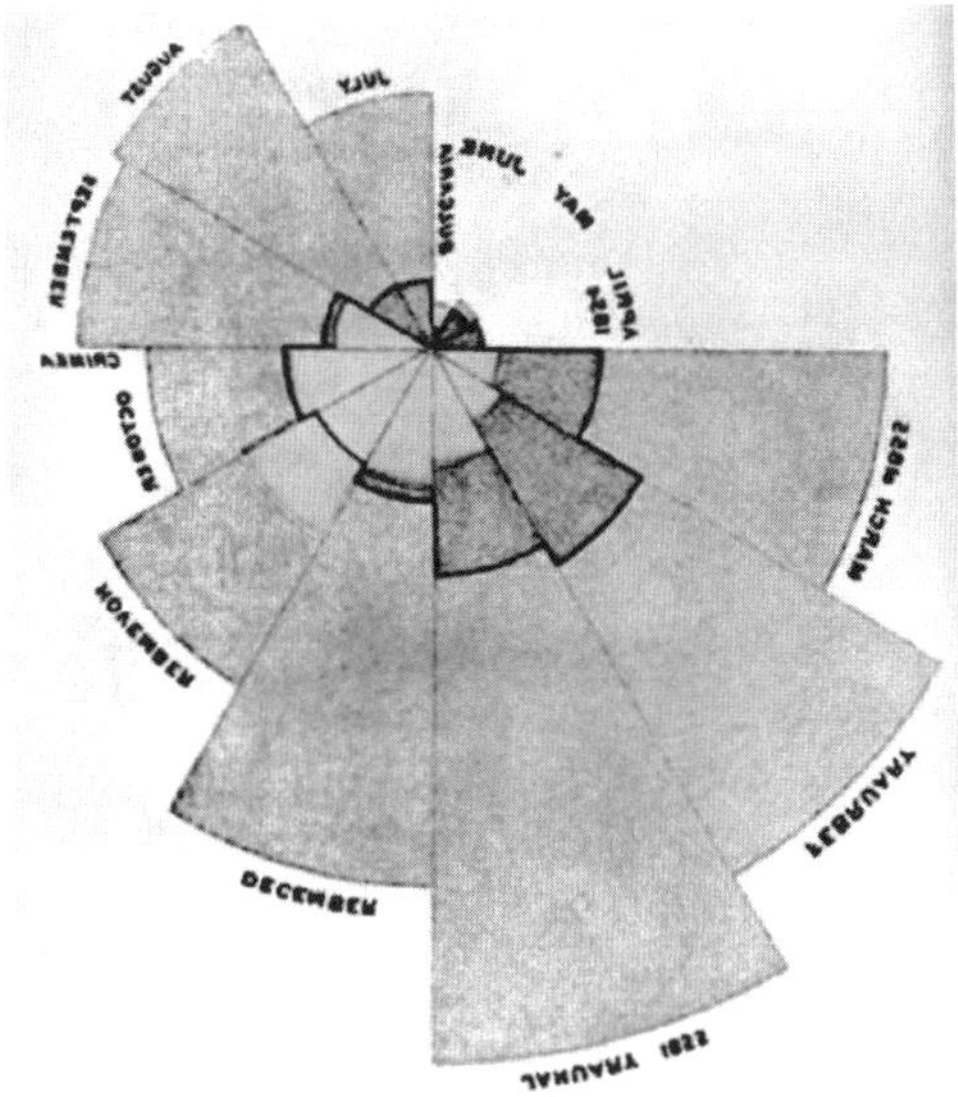

図 1-1　ナイチンゲールが上司らを説得するために送った図
内側から戦闘中の死者数、その他の戦死者数、野戦病院への収容後の死者数をあらわす

的な状況を伝えるのにもデータが活用されているといえます。

　このようなナイチンゲールの表示方法は、外側ほど面積が強調されるために、誤解されないグラフという観点では適切とは言えません。試しに図1－2のように積み上げ棒グラフの形に直してみると、確かに収容後の死者数が多いということは変わりませんが、だいぶ印象は違ってくるのではないでしょうか。ナイチンゲールは意図的に円形のグラフを採用して、収容後の死者数を外側にしたと思われます。ナイチンゲールはデータのビジュアル化の先駆者でも

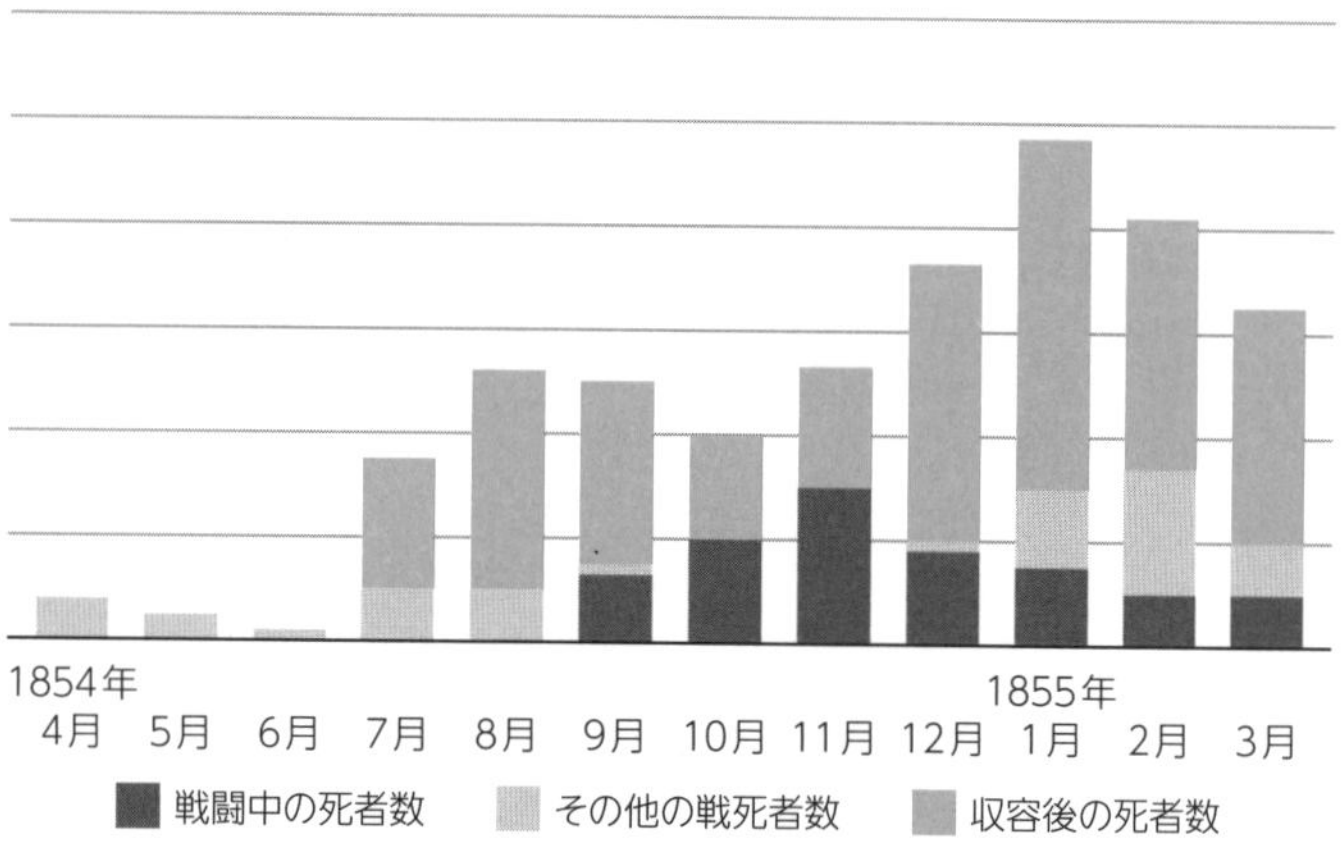

図 1-2　ナイチンゲールのグラフを積み上げ棒グラフにしたもの

あります。ナイチンゲールは人を救うためにグラフのビジュアル化をしましたが、これが悪用される可能性もあります。例えば商品のポジティブな面を強調するために誤解を招くようなグラフを意図的に作成するようなことも可能です。そのようなグラフに引っかからないような見方については第7章で取り上げます。

データを基に考える

データに基づいた議論の例を紹介しましょう。

社長と専務の会話

社長　ここ数年、うちは売り上げも利益も減ってきているんじゃないかね？　データを見せてみなさい。

年	売り上げ（億円）	利益（億円）
2016	50.9	10.21
2017	46.3	8.90
2018	48.2	9.68
2019	47.1	9.31
2020	45.8	8.85
2021	46.0	8.41
2022	44.1	7.95

表 1-1　売り上げと利益の推移

年	社員数（人）	1人あたりの売り上げ（百万円）
2016	180	28.3
2017	160	28.9
2018	160	30.1
2019	155	30.4
2020	150	30.5
2021	150	30.7
2022	140	31.5

表 1-2　社員数と1人あたりの売り上げの推移

専務　表1－1のとおりです。

社長　ほら、やっぱり落ちているじゃないか。

専務　でもそれは、社長が人件費が多すぎるとおっしゃって、営業職を減らしてきたからですよ。1人あたりの売り上げは、表1－2のように伸びています。

社長　う～ん、そうか。（後でぼやく）出来の悪いやつから削っていったんだから、1人当たりの売り上げが増えるのは当然だがな。

この社長と専務の会話について考えてみましょう。確かに社長が指摘しているように売り上げと利益は減少している傾向にあるように見えます。一方で、専務が言うように、社員1人当たりの売り上げは増加しているというのも事実のようです。ここで、利益を売り上げで割ったものを、利益率として計算してみましょう。すると、2016年にはおよそ20％あった利益率が2022年には18％ほどになっています。社長は「できの悪いやつから削っていった」と言っていましたが、売り上げの額ばかりに目がいってしまい、多く利益を出している社員をリストラしてしまっていた可能性があります。データを見るときに、原因と結果について簡単に結び付けずに、じっくりと考える必要があります。このような内容は、第7章で因果関係として取り上げます。

「政府は国民の税金を無駄づかいしている」と言ったとします。何もデータを示さないで言ったとすれば、その人の思いを語っただけで、単なる批判か非難にしかなりません。[注2]

正しいデータを使おう

いい加減なデータを使うと、いい加減な結論しか出ません。英語で〝Garbage in, Garbage out.〟といわれています。Garbage、つまりゴミのような役に立たないデータを入れて分析すると、いくら優秀なコンピューターや計算方法を使ってもゴミのような

注2　日本経済新聞編集部編『国費解剖』（日経 BP、2023）には、「政府は国民の税金を無駄づかいしている」実態が、さまざまなデータで明らかにされています。

役に立たない結果しか出てこないということです。

日本の財政状況を考えるためにどのような数値を使えばいいか考えてみます。国の経済の規模を示すために、GDPという指標が使われます。GDPは「一定の期間に国内で生産されたモノやサービスの付加価値の合計」のことをいいます。付加価値というのは、例えば合計100円の材料と光熱費を使って、300円のパンを作ったとすると、差し引きで200円の新たな価値、すなわち付加価値が生産されたと考えます。この付加価値を合計した額、というのがGDPの大まかな内容です。GDPは第2章にもでてきます。

このGDPが一定期間で何パーセント増えたか（減ったか）を経済成長率と呼び、政府は未来の予想や計画に、一年間の経済成長率として3％をよく使います。2023年現在、財政健全化（借金無しで税金等の収入で行政の支出を賄える状態）の目標時期を2025年度としていますが、名目経済成長率を3％とすれば達成できるという筋書きです。

しかし現実は、経済成長率が3％を越えたのは2010年が最後で、それ以降1％より上がったり下がったりしています。新型コロナウイルスの影響もありますが、3％という値は、願望的なものでしょう。

それにたいして、野口悠紀雄の『2040年の日本』（幻冬舎新書、2023）では、経済成長率を1％と仮定して、2040年の日本の社会を描いています。近年の数値を見るとこちらのほうが可能性の高い日本の未来の姿でしょう。いい加減にならないためのデータの取り出し方、扱い方については第5章で取り上げます。

そもそもデータとはなにか

これまで「データ」とは何かを説明せずに、その言葉を使ってきました。

データとは、科学的な観察やアンケートその他の調査によって得られた、何らかの数値や数値の集まりのことです。政府や官庁などが公表している値も含まれます。「データ」を辞書的に定義することはしません。この本に出てくるような数値やその集まりが、データだと思ってください。

データと関連する言葉として、「事実」があります。英語のｆａｃｔで、ファクトチェックなどと使われています。データより広い複雑な事がらを指します。当分、「データ」は数値に限ることにします。「事実」については8章で取りあげます。

1.2 なぜいまデータサイエンスなのか

これまでは、コンピューターで実行されること、つまりプログラムとかアルゴリズムといったことが注目されてきました。ここへ来て、実行される対象、つまりデータが脚光を浴びています。データを扱う学問や研究であるデータサイエンスが、日本に未来を開くと期待されています。

ビッグデータという言葉は、文字通り巨大なデータを意味しており、多種多様なデータを指します。近年話題となっている理由として、2つの進歩によってビッグデータの活用が可能になったことが挙げられます。

(1) コンピューターの能力が、そのような大きなデータを処理できるほど、どんどん増大しました。

(2) 大きなデータが容易に手に入るようになりました。

(1) に関しては、ムーアの法則[注3]というものがあります。1つの集積回路の上のトランジスタの数は2年ごとに2倍になるという経験則です。ムーアの法則は、1965年以降ずっと成り

注3 Moore

立ってきました。そろそろ頭打ちだという説もありますが、まだ限界は見えていません。

同じ面積の集積回路の上にたくさんのトランジスタを並べることができれば、トランジスタ間の距離は短くなります。その間で電気信号を送る時間も短くなります。ということは、コンピューターがより高速で動くわけです。2年ごとに計算速度が2倍になったとはいいませんが、さまざまな工夫もして、コンピューターの処理能力はどんどん増大してきました。以前は莫大な時間とコストがかかっていたデータの処理も、高速で安価に行うことが可能になってきています。
（2）に関しては、インターネット上のウェブで大量のデータが取れるようになったからです。商品を購入した際の顧客情報や日常の「つぶやき」までもが現代ではデータになっていることを考えると、昔と比べていかにデータが増えたのかが分かりやすいのではないでしょうか。そのようなビッグデータから、統計処理や機械学習や、人工知能を活用して有益な情報を引き出せる可能性が高まったのです。

ディープラーニングとは

先ほど挙げた（1）と（2）を利用して、機械学習が大きく進歩しました。機械学習というのは、コンピューターに学習させる技術です。２０１２年の画像理解コンテストで、Ｇｏｏｇｌｅ

はアッと言わせる発表をしました。これまでは、画像認識をするのに必要な特徴（猫なら毛、ヒゲ、目、爪、……、それらを構成するもっと小さな特徴）を人が与えていました。与えられた特徴を基に、条件に合った画像かどうかなどを判定するわけです。このような方法は教師あり学習と呼ばれます。その一方でＧｏｏｇｌｅはランダムに選んだ１０００万枚のＹｏｕＴｕｂｅ動画から、「何も教えないで」人間の顔や体、猫を認識する回路を作り出したのです。１０００台のコンピューターをつないで３日間学習させたそうです。Ｇｏｏｇｌｅだからできたことですね。また、インターネットがなかったら、ランダムな１０００万枚の動画を用意することは大変だったでしょう。

この画像認識では何も教えずにコンピューターに学習させる教師なし学習が使われました。そこで重要なのがディープラーニング（深層学習）と呼ばれる技術です。この方法は、機械学習の突破口を開き、今も最も広く使われています。教師なし学習は特徴を自動的に抽出するのが画期的な進歩です。

２０２３年に話題となったChatGPTも、人工知能の一分野である言語処理にディープラーニングを応用したものです。とにかく、ウェブ上にはいくらでも学習に使える文章や画像があるわけですから、それを基に正解を教えなくても質問に答えてくれるというわけです。

第1章のまとめ

- データとは、科学的な観察やアンケートその他の調査によって得られた、何らかの数値や数値の集まりのことです。
- データ、それも正しいデータに基づいて説得や議論をすべきです。
- データを扱う学問や研究であるデータサイエンスが重要視されるようになりました。
- ビッグデータを用いて、ディープラーニング（深層学習）と呼ばれる方法が、機械学習の突破口を開きました。

章扉の解説

本文中で解説したように、ナイチンゲールが工夫して図のようなグラフを作成しました。ちなみに、ナイチンゲールのグラフより前に、現代でも使われる棒グラフ、折れ線グラフ、円グラフを生み出したのはスコットランド生まれのウィリアム・プレイフェア（1759－1823）です。

第2章

データには種類がある
——種類でわかる数値の意味

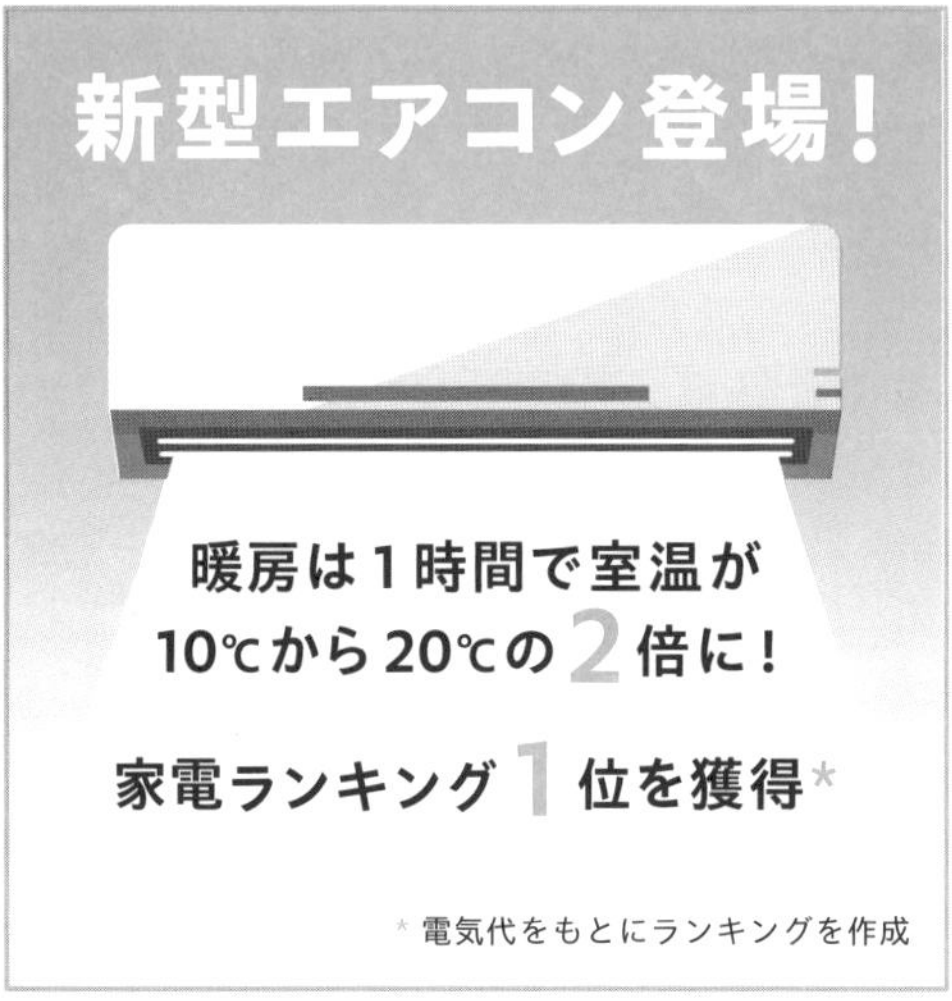
新型エアコン登場！
暖房は1時間で室温が
10℃から20℃の2倍に！
家電ランキング1位を獲得*
* 電気代をもとにランキングを作成

2.1 数値の4つの種類

表2－1に、学生の幅跳び大会の結果を表にしています。この表に出ている数値（データ）は学生番号、順位、記録、温度の4種類がありますが、この4つはそれぞれ別のデータの種類に分けられます。4つのデータの種類はそれぞれ、

（1）名義尺度
（2）順序尺度
（3）比例尺度
（4）間隔尺度

という名前がついています。（1）の名義尺度は、ものを区別するためにだけ付けられた数値（番号）です。大きさや順序には意味がありません。表の中だと学生番号が該当します。野球やサッカーの選手の背番号も一つの例です。

幅跳び大会結果　　温度 28.2℃

学生番号	記録（cm）	順位
1	570	2
2	495	3
3	610	1
4	480	4

表 2-1　データの種類の例

（2）の順序尺度は、名義尺度とは異なり数値の順序に意味があります。表の中では順位が該当し、順位が上の人の方が高い記録を出しているという意味をもっています。1位と2位、2位と3位の差が違うように隣り合う数値の間隔は同じではありません。順位の差がどれくらいなのかはこのデータからはわかりません。地震の震度は順序尺度です。震度2よりも震度6の方が強い地震であることを示しますが、震度2の地震の揺れと震度4の地震の揺れを足すと震度6になるわけではありませんし、震度2の地震の3倍の揺れが震度6になるわけでもありません。

（3）の比例尺度は、絶対的な原点0があって、何倍とか何分の一とか言える尺度です。表の中では記録が該当します。長さ、体積、重さ、時間は比例尺度です。円で表したお金の額も比例尺度です。比例尺度は基本的にマイナスの値にはならないのも重要なポイントです。

（4）の間隔尺度は、隣り合う数値の間隔が一定である順序尺度です。比例尺度との違いは、原点が0にあるかどうかです。表の中では温度が該当します。℃で表した温度に0℃は存在しますがマイナスの値をとるため比例尺度ではありません。間隔尺度で比を考えるのは適切ではありません。例えば「この湯は80℃だから、40℃の湯の2倍熱い」「昨日の最高気温は0・1℃で今日の最高気温は10℃なので100倍暑くなった」などの表現を見ると、少しおかしいと気づくかと思います。温度を比で考えたい場合は、絶対零度を原点0に置いた絶対温度で考えるのが適切です。図2－1を見ると40℃と80℃を絶対温度に直しても温度の差は変わりませんが、比は2倍ではなく1・1倍ほどになります。

演習2・1

優を4、良を3、可を2、不可を0で数値化した値は、なぜ順序尺度で、間隔尺度ではないのでしょうか？

解答

数値が大きいほど優秀な成績であることを意味しているので数値や順序の意味はありますが、優と良、良と可の間隔が一定とはいえないので順序尺度となります。

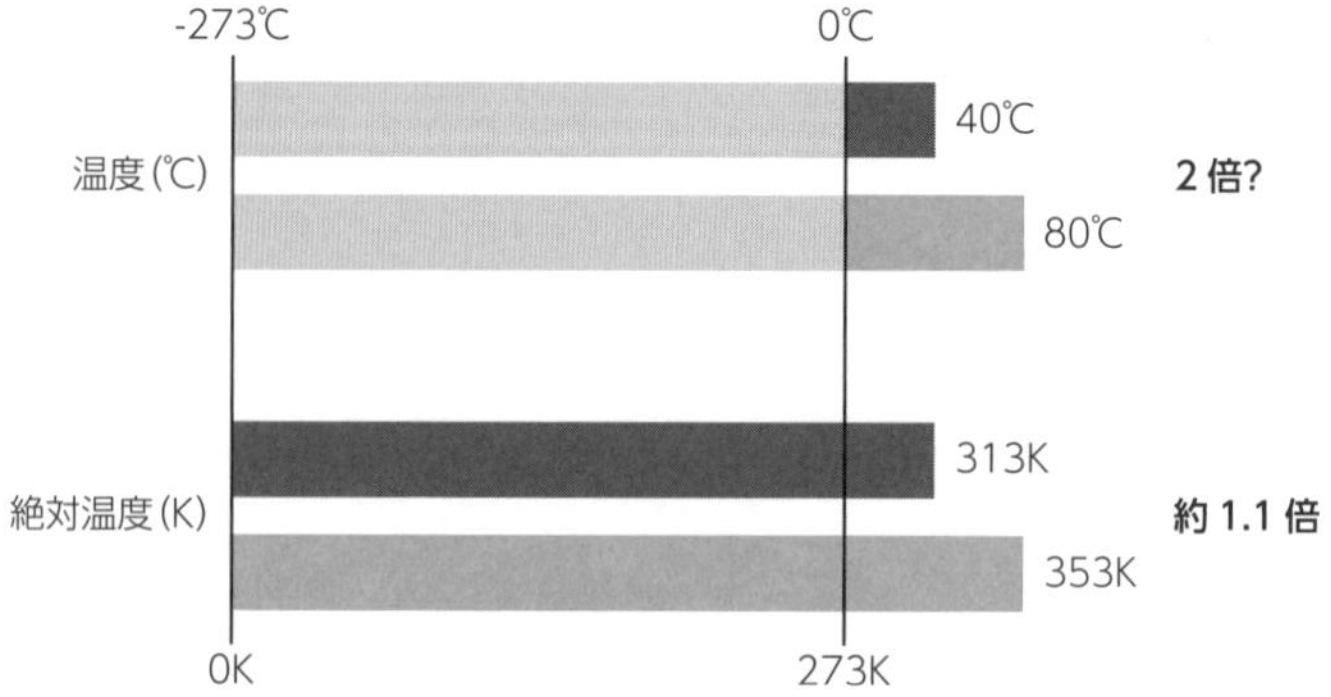

図2-1　40℃と80℃の絶対温度
絶対温度ではこれより温度が下がらない絶対零度を -273℃（より正確には -273.15℃）におき、0K とする（K は絶対温度の単位）

演習2・2

名義尺度、順序尺度、比例尺度、間隔尺度の他の例を見つけてください。

解答

名義尺度…都道府県に1から47の番号を振り分けた都道府県番号があります。並べる際に便利となりますが、この数値を計算することに意味はありません。

順序尺度…資格の1級2級、1段2段などがあります。数値の順序に意味はありますが、4級と3級、2級と1級などの差は同じとはいえません。

比例尺度…身長や体重などは、数値の間隔が一定で、0がそれ以下のない絶対的な原点となるので比例尺度となります。

間隔尺度…身近な間隔尺度としては西暦があります。西暦0年より以前の紀元前があるので、「西暦1000年の物よりも西暦2000年の物の方が2倍新しい」というような言い方はできません。

演習2・3

平均値を計算する意味があるのは、どの尺度の場合でしょうか？

解答

平均値の計算に意味があるのは比例尺度と間隔尺度です。名義尺度や順序尺度どうしの計算、例えばサッカーチームの背番号の平均や空手道場に通う人の平均段位にはあまり意味がありません。

演習は、ちょっとそこで立ち止まって考えてみてください。紙と鉛筆を用意しなければならない演習はほとんどありません。演習を入れている理由は、「ああそうか、そうか」と読み進めるだけでは、後に残ってあなたの知恵と能力になるものが少ないと思うからです。

名義尺度と順序尺度を**質的データ**、間隔尺度と比例尺度を**量的データ**と呼ぶことがあります。また、飛び飛びの値しか取らないデータを**離散的データ**、連続的に変化しえて、その途中のどんな値でも取ることができるデータを**連続データ**と呼びます。名義尺度と順序尺度は、離散的です。間隔尺度と比例尺度には、離散的データと連続データがあります。1年の月番号や人数・個数は離散的データ、温度や時間、長さ、重さは連続データです。例えば、家族の人数をデータにすると、1人、4人など整数でのとびとびの値だけをとる離散的なデータになります。一方で体重は整数だけをとるわけでなく、62・568kgのように、小数点も含む様々な値をとる連続データになります。円で表した金額は1円刻みの整数の値となるので、離散的データです。しかし、大きな金額になると、近似的に連続データと見なしてもよいようになります。これは人数や個数についてもいえます。

2.2 値そのものと、単位あたりの値

GDPか、1人あたりGDPか、経済成長率か

国の経済の実力を示すには、GDP（国内総生産）、1人あたりGDP、経済成長率のどれが適切でしょうか。

GDPは、第1章でも紹介したように、国内で生み出された付加価値の合計なので、人口の多い国が有利です。日本の名目GDPは、2010年に中国に抜かれて第3位になりました。これは、中国の人口が約14・3億と、日本の約1・23億の11倍以上もあることが大きな要因で

す。日本は2030年にはインドに追い越されて4位に、2050年にはインドネシア、ブラジル、メキシコにも抜かれて7位になると予想されています。(https://www.sbbit.jp/article/cont1/29363/)

しかし、日本がいまGDP第3位でいられるのも、人口のおかげです。次に示す1人あたりGDP（表2－2）では、ドイツ・フランス・イギリスより低いですが、人口が多いためにGDPではそれらの国より上位になっています。

1人あたりGDP

では、1人あたりGDPを調べてみましょう。表2－2が2022年の名目GDP上位の国と値です。日本は32位ですので、そこまで表に示しました。

日本を上回るGDPの中国は1人当たりに直すと70位、12，670USドルとなります。

第1章でも出てきましたが経済成長率というのは、年ごとのGDPの増加率です。

（今年のGDP－昨年のGDP）／（昨年のGDP）×100％

で計算されます。2010年代の日本の経済成長率は1％前後で、中国はもちろん、アメリカや韓国よりも低いので問題視されています。

順位	国名	単位 US $	備考	順位	国名	単位 US $	備考
1	ルクセンブルク	126,598		17	アラブ首長国連邦	51,400	*
2	ノルウェー	105,826		18	フィンランド	51,030	
3	アイルランド	103,311		19	ベルギー	49,843	
4	スイス	93,657		20	ドイツ	48,756	
5	カタール	83,521		21	香港	48,154	*
6	シンガポール	82,808		22	ニュージーランド	47,226	
7	米国	76,343		23	イギリス	45,461	*
8	アイスランド	74,591		24	フランス	42,350	
9	デンマーク	68,295		25	アンドラ	41,085	
10	オーストラリア	64,814	*	26	ブルネイ	37,851	*
11	オランダ	57,428		27	プエルトリコ	36,123	*
12	スウェーデン	56,188		28	クウェート	36,092	*
13	カナダ	55,037		29	マルタ	34,819	
14	イスラエル	54,337		30	サウジアラビア	34,441	
15	サンマリノ	52,447	*	31	イタリア	34,085	
16	オーストリア	52,192		32	日本	33,854	

備考の*は IMF 推定。参考：GLOBAL NOTE　出典：IMF

表 2-2　1 人当たりの名目 GDP

最初の問いに戻って考えましょう。国の経済の実力を示すには、GDP、1人あたりGDP、経済成長率のどれで表すのが適切かという問いでした。

GDPは、1つの国の経済の大きさを示します。中国が経済的にも大きな地位を占めているのは、たとえ1人あたりGDPが小さくても、人口が多いのでGDPが大きいからです。インドの影響力が高まるだろうと言われているのも、人口が中国以上に多いからです。

1人あたりGDPでは1人が生

み出す付加価値の平均額ですが、この額は消費するモノやサービスの額にもつながるので、モノやサービスなどの物質的な面での人々の生活水準を表します。国民ひとりひとりにとっては、国全体の合計であるＧＤＰよりもこのほうが実感に訴える値です。

経済成長率は、その国の経済発展の勢いを示していると言えるでしょう。発展途上国には経済成長率が高い国が多いのです。

演習２・４

発展途上国には経済成長率が高い国が多い理由を、経済成長率の定義式に戻って説明してください。

解答

先進国のように昨年のＧＤＰが高い場合、今年のＧＤＰが同程度に高くても経済成長率を計算すると低い水準になります。例えば昨年のＧＤＰが５００兆円、今年のＧＤＰが５０５兆円とすると、経済成長率は（５０５－５００）／（５００）×１００＝１％となります。一方で発展途上国では昨年のＧＤＰが低く、今年のＧＤＰは昨年と比べて高くなりやすいので、経済成長率は高くなります。例えば昨年のＧＤＰが50兆円、今年のＧＤＰが55兆円とすると、経済成長率は（55－50）／（50）×100＝10％となり、先進国の例とGDPの増加は同じ5兆円ですが、経済成長率は発展途上国の方が大きく上回っています。

演習2・5

都道府県別の交通事故死者数は、2018年まで愛知県が最多を続けていました。2019年以降の最多は千葉県、東京都、神奈川県、大阪府と、毎年入れ替わっています。人口の多い都道府県が多いようです。そこで、警察庁は人口10万人あたりの交通事故死者数も発表しています。もっと他の「単位あたり」の交通事故死者数はないでしょうか？

［ヒント］なぜ愛知県は交通事故死者数で最多を続けていたのでしょうか。

解答

人口に関しては東京都が人口約1400万人（2023年）でトップですが、乗用車の保有台数については人口約750万人の愛知県がおよそ400万台でトップです（東京都はおよそ300万台）。車の保有台数が多い方が交通事故の件数も多くなりやすいと考えられますから、人口あたりで見えてこない情報を見るためには都道府県ごとの自動車の保有台数あたりの交通事故死者数を考えてみるのが一つの手です。

2.3 ランキングに振り回されない

さまざまなランキングが作られ、発表されています。ランキングの値は、先ほど学んだ順序尺度です。感覚尺度や比例尺度の大小と順序に注目して、何番かという番号に落としこんだものです。感覚尺度や比例尺度の値のもつ情報にくらべて、1、2、3、……という番号だけの情報に単純化されているわけです。このような単純な情報であるからこそ、ランキングがもてはやされるのかもしれません。

日本のGDPが円で、あるいはUSドルで、どのくらいかは言えなくても、3位であることは知っているという人は多いと思います。

しかし、順位では元の値の情報が落ちていることに気をつけないといけない場合があります。元の値の間隔は一定ではありません。マラソンの1位と2位は胸ひとつの差でも、2位と3位は1分以上離れていたかもしれないのです。

もう一つ注意したいことがあります。「幸福度の高い都道府県（国）」とか、「住みやすい都市」とかのランキングはどのようにして作っているのでしょうか？　それらに関係しそうないくつかの指標の値を集めて合計を出し、その順位をランキングとしているのです。ですから、どのような指標を集めてくるか、またそれらにどのような重みづけをするかによって、ランキングの順位は大きく変わります。収入が多いことを幸福とした結果と、自由な時間の多さを幸福としたランキングを作ったら、全く逆の結果になるかもしれません。

田村秀『ランキングの罠』（ちくま文庫、２０１２）には、２０００年前後の都道府県の豊かさに関する８つのランキングの順位が一部示されています。たとえば、神奈川県は3、7、7、33、36、38、44、44位、大阪府は4、7、23、23、36、42、43、44位と、指標によって大きく順位が変わっています。

新しいランキングが発表されると、まず日本は何位かとか、私の都道府県は何番目かとかに目がいってしまいます。そのランキングがどのように計算されているのかの説明は、その後で読むか、まったく読まないかもしれません。人の心理としてやむを得ないと思いますが、少し考えたほうが良さそうです。どの都道府県に住んでいても大きく変わらない事柄であっても、ランキングを作れば1位から47位までがついてしまいますから、順位だけに注目するのはあまりおすすめできません。
さまざまなランキングに一喜一憂している方もいるかもしれません。ランキングは話のタネ程度にして、あまり真剣にとらないほうが良いと思います。もちろん、自分の国や自治体の順位が低い原因を調べて、それを改善しようとする努力は否定しませんが。

演習2・6

国連の研究組織「持続可能な開発ソリューション・ネットワーク」（SDSN）が毎年発表している幸福度ランキングで、日本は2022年の54位から、2023年は47位に上がりました。まあそんなものかと思いますか、なんでそんなに低いんだと思いますか？

解答

日々の生活の満足度を0から10で評価したものから幸福度ランキングが作られています。SDSNでは1人あたりのGDPや健康寿命、困ったときに助けてくれる親族や友人はいるのか、など6つの要因と調査結果の関係を分析しています。要因の選び方以外にも、平均よりいい暮らしをしていたら10と評価するのか6や7と評価するのか、充実しているが少し不満がある場合に10とするのか9とするのかなど、自己評価の点数の付け方に国民性が出ていたとしたら結果を左右しているかもしれません。

2.4 差と比率

基準となる値があって、新しい値をそれと比較するとき、差を取る場合と比率を求める場合があります。例えばある値が500から550に変化したときの差と比率は次のように計算されます。

差　＝新しい値－基準値＝550－500＝50
比率＝新しい値／基準値＝550／500＝1・1

比率は、100倍して％でよく表されます。経済成長率も今年の値を新しい値、昨年の値を基準値として％で表したものですね。

一定の差で増減するデータと、一定の比率で増減するデータとは勘違いしやすいので、注意が必要です。例を挙げてみましょう。

ある年のGDPが500兆円で、年に10兆円ずつ増えていくとします。

1年後　500＋10＝510兆円
2年後　510＋10＝520兆円
3年後　520＋10＝530兆円
4年後　530＋10＝540兆円
5年後　540＋10＝550兆円

ですね。

今度は最初の年のGDPが500兆円で、年に2％ずつ増えていくとします。ちなみに500兆円×2％＝10兆円に合わせてあります。

1年後　500×（1＋0・02）＝510兆円
2年後　510×（1＋0・02）＝520・2兆円
3年後　520・2×（1＋0・02）＝530・6兆円
4年後　530・6×（1＋0・02）＝541・2兆円
5年後　541・2×（1＋0・02）＝552兆円

と、すでに5年後で差が一定の場合より2兆円多くなっています。

要するに、差が一定ということは増える額が一定（単利計算）で、比率が一定ということは増える額が多くなっていく複利計算なのですね。

ですから、ＧＤＰを一定の比率（％）で増やしていこうとするならば、ＧＤＰの増加分（差）は一定ではなく毎年少しずつ増やしていかないといけないわけです。このあたりがわかっていないで、ＧＤＰを一定比率で増やしていくことを主張している人がいるのではないでしょうか。

演習2・7

(a)ある商品が10％値上げになりました。10％引きの券があったので、それで買いました。元の値段と同じになったでしょうか？

(b)ある商品の売れ行きが悪いので、10％値下げしました。その後、全般的な物価高になったので、その商品も10％値上げしました。値下げ前と同じ値段になったでしょうか？

解答

(a)について、こういう時は具体的な金額を考えてみましょう。値上げ前の価格を１０００円とすると10％値上げすると１１００円になります。ここから10％引きすると、１１００円の10％、つまり１１０円が引かれて９９０円になります。少し安く買えますね。

(b)について、こちらもはじめの価格を１０００円とすると、10％値下げすると９００円、その後10%値上げすると990円になるのでこちらも安くなります。10%の値上げは1・1倍する、10%の値下げは0・9倍するのと同じで、両方行うと1・1×0・9で0・99となります。掛け算の順序を変えても答えは変わらないので、(a)と(b)は同じ価格になりました。

演習2・8

強気さん：「A社の株は1月に15%下がったけど、2月は20%上がって持ち直したぜ。3月はまた35%下がったが、4月に45%上がった。−15%+20%−35%+45%=15%や。年初めから4ヶ月で15%上がっているはずとは言わんけど、差し引きプラスなんやから、上がってはいるやろ。」

弱気さん：「ほんまかいな。計算してみよ。」

どちらが正しいでしょうか?

解答

最初の株価を1000円として計算してみましょう。15%下がった1月は850円、2月は8

５０×１・２＝１０２０円です。３月は１０２０×０・６５＝６６３円、そして４月には６６３×１・４５＝９６１円となります。弱気さんの方が正しかったですね

第2章のまとめ

- 数値には、名義尺度、順序尺度、間隔尺度、比例尺度の４種類があります。
- 値そのものと、単位あたりの値とは、目的に応じて使い分ける必要があります。
- ランキングに振り回されないよう注意しましょう。
- 差が一定で増減するデータと、比率が一定で増減するデータとは、区別しなければいけません。

章扉の解説

よくある広告のようですが、次のような点に注意が必要です。

- 「室温が10℃から20℃の2倍に！」というように間隔尺度の比を考えるのは適切ではありません。
- 「家電ランキング1位」と聞くと優れた商品のように感じますが、注意書きを見てみると電気代だけを基にランキングを作成していることがわかります。ランキングの順位だけでなく、どのようなデータから作成されたランキングなのか、他の製品との差はどれくらいなのか注意して見る必要があります。

第3章

正確な数字と大まかな数字
——オーダーと有効数字

夏季集中講義開催！

これまで **15000人** が受講！

アンケート項目	はいと答えた人の割合
効果があったと感じた	88.23%
周りにすすめたい	52.94%
最後まで続けられなかった	17.64%
やさしく教えてくれる	64.71%
宿題との両立に苦労した	5.88%

一部の受講者へのアンケートによると

13234.5人 が効果があると

実感したという結果に！

推定200万人の大学受験者に差をつけよう！

3.1 大まかな数字をつかむには

正確な数字を把握することはもちろん大事ですが、大まかな数値さえ分かっていれば役に立つ場面が多くあります。大きな数値をおおまかにどのくらいというときに、オーダーという考えかたをします。例えば、4桁の数はすべて千の単位だと見なします。5桁だと万の単位、6桁だと十万の単位、7桁だと百万の単位というように、桁数だけで数のおよその大きさを区別します。

この考えかたをオーダーと呼んで、4桁の数は千のオーダーだとか、オーダーが千だとか言います。大きな数値は、正確な値やそれに近い値を知らなくても、オーダーさえ押さえておけばよいことが多いのです。

表3－1のようないくつかの重要な値は、オーダーだけでもそらで憶えておきましょう。

項目	オーダー	おおよその値
世界の人口	数十億人	80 億人
日本の人口	数億人	1.25 億人
赤道の長さ（地球 1 周の長さ）	数万 km	4 万 km
東京と大阪の距離	数百 km	556.4km（東海道線）

表 3-1　オーダーとおおよその値

演習3・1
日本の国家予算はどんなオーダーですか？　国債残高は？

解答

2023年の国家予算は114兆円で100兆円のオーダー、国債残高は1000兆円のオーダーになります。

今度は、知らない値を見積もる方法を考えてみましょう。

日本に乗用車は何台くらいあるでしょうか？　ウェブを調べればすぐわかりますが、ここでは大ざっぱな推定によって求めてみます。

日本の人口は2023年1月1日現在で1億2500万人です。[注1] そこから20歳未満の2000万人を引きます。残りはおよそ1億人です。2人に1人が1台持っていると仮定すると、5000万台の乗用車があると推定されます。実際の値は6200万台ですから、まあ良い推定値でしたね。

もう1問。日本の小中高校の教員は何人くらいいるでしょう？　小中高に通う6歳から17歳の

注1　総務省統計局の発表です。1億2475万2千人。第2章で示した値と違っていますね。

子どもは、１歳あたり１００万人くらいですから、合計で１２００万人くらい居ます。平均して生徒20人にたいして先生１人と考えると、先生の数は60万人くらいと推定されます。文部科学省が発表している人数は90万人ですから、真の値の２／３であったわけです。生徒15人に先生１人とすると、もっと近かったですね。

このような大まかな推定方法を目《め》の子《こ》算[注2]と言います。目の子算では、答えのオーダーが合えばよいとされています。つまり、真の値の１／３から３倍のあいだに入ればOKです。検討のつかない値をいくつかの数値を手掛かりとして推定することをフェルミ推定とよぶこともあります。

オーダーさえ合っていればいいので、途中では大ざっぱに丸めた値を使って計算をしやすくします。ただ、掛け算や割り算のときに、１桁多くとか少なく誤ったりすることのないように注意しなければなりません。50×20を１００としてしまうなど、０の数を見誤ってしまうことが起きがちですが、それをやると、答えのオーダーが違ってきてしまいます。大まかな数を見積もる例としては次のような例があります。

マネージャー　今度の野外コンサートは5万人くらい来るかもしれん。あの広場の大きさは？

アシスタント　１１０ｍ×１８０ｍです。

注２　個数を数えるとき、ざっと見ていくつくらいと言うやり方を目の子勘定といいます。目の子勘定を目の子算と呼ぶこともあります。

マネージャー　100×200として、2万㎡だな。1㎡に2人とすると4万人。使えない部分もあるだろうから、もっと広い所を探さなきゃならんな。

この例では会場の広さを見積もっています。110×180の計算を丸めた値を使って計算していますね。広場に何人が入るかを手掛かりもなく考えるのは難しいですが、1㎡あたりの人数であれば、他のイベントの写真や、会話に出ているマネージャーとアシスタントの2人が実際に1㎡の中に入ってみればどれくらいかわかりますね。

演習3・2

目の子算で求めてください。できれば暗算で。

(a)日本にあるピアノの台数
(b)日本人が1年に食べる米の総量
(c)6コース、1コースは幅2mの25mプールに深さ1・2mまで水を入れたい。1分あたり10㎥で入れたら、何分かかるか。

解答

(a)学校の30人のクラスに3人くらいピアノを習っている（持っている）人がいると考えると、30家族（世帯）に3台、10世帯に1台のピアノがあると考えられます。1世帯平均を3人とするとおよそ4000万世帯あると見積もれるので、その10分の1、400万台と求められます。日本ピアノ調律師協会のサイト（https://www.jpta.org/job.shtml）によると、およそ600万台はあるということです。

(b)ひとり1食あたりのお米の消費量を100グラムとします。2食に1回お米を食べるとすると1日3食のうち1・5食となり、日本人1人が1年で食べるお米の量は100×1・5×365で、およそ50キログラムと計算できます。これを日本国民の総数1・2億で掛けると、日本人が1年に食べる米の総量は60億キログラム、つまり600万トンと推定できます。実際の値は800万トン弱のようです。桁数が多くなると計算ミスしやすいので注意が必要です。

(c)プールに入る水の体積は6×2×25×1・2＝360㎥となります。ここで、12×25の値を丸めて10×30で計算すると少し楽になります。値を丸めるときはオーダーが変わらなければ問題ありませんが、今回はどちらも300になりますね。そして、1分間に10㎥のペースで水を入れるので360／10＝36分かかる計算になります。

3.2 正確な数値の表し方　有効数字、有効桁数

有効数字とは

日本の人口を1・25億人としましたが、これを125，000，000人と書いてみましょう。6個並んでいる0が1の位まですべて正確だと思いますか？　普通は、5の下の桁にある数字を四捨五入して1億2500万人としたと考えますね。つまり、真の値は124，500，000人から125，499，999人のあいだにあって、それを丸めて（近似して）125，000，000人としたのだろうと思うわけです。

このとき、1と2と5は正しい数字を示しています。5の桁は本当は4かもしれませんが、四捨五入の意味では5でよいわけです。このような、ここまでは意味のある値という数字を有効数字と呼びます。また、このとき有効桁数は3桁であるといいます。それより右の6個の0は位取りを示すだけで、値として意味がありません（実際に0であることを示しているわけではない）

ので、有効数字ではありません。

演習3・3

123,987を有効桁数2桁で表してください。4桁で表してください。

解答

有効数字2桁では3桁目の3で四捨五入して120,000、有効数字4桁では5桁目の8で四捨五入して124,000となります。

有効桁数4桁のとき、ちょっと困りませんでしたか？　124,000となりますが、4桁目以降が0なので、百の位の0も有効数字なのか、有効桁数3桁の表示なのか、見た目ではわかりません。

このような問題を避けることもあって、科学の世界では1.240×10^5のような表記法が用いられます。1.240が4桁の有効数字、10^5がオーダーを表すわけですね。有効数字3桁で計算する場合は1.24×10^5とすればいいわけです。

Ｅｘｃｅｌの落とし穴

毎朝体温を計って、マイクロソフトの表計算ソフトＥｘｃｅｌで表３－２のように記録してみます。

入力された体温は０・１℃きざみで表示されているのに、３日だけ36となっています。普通にＥｘｃｅｌを使っていると、３６・０と入力しても36になってしまうのです。一般論で言うと、３６・０だと±０・１程度の誤差だろうと考えますが、36だと３５・５以上３６・５未満の範囲が入ってしまいます。有効数字の考えかたたから、私はこの表示が気に入りません。３６・０であれば有効数字３桁で、36であれば有効数字２桁になってしまいます。なお、Ｗｏｒｄの表入力では、３６・０になります。

日付	体温
3月1日	35.9
2日	36.3
3日	36
4日	36.1
5日	35.8
6日	35.9
7日	36.5
8日	36.2

表 3-2　Excel で作成した体温の記録

演習3・4

Excelで36.0と入力したら36.0と表示されるようにする方法を見つけてください。

解答

該当するセルを右クリックして「セルの書式設定」をクリック、「分類」から「数値」を選んで「小数点以下の桁数」を「1」として「OK」をクリックすると、「36」と表示されていたセルが「36.0」になります。

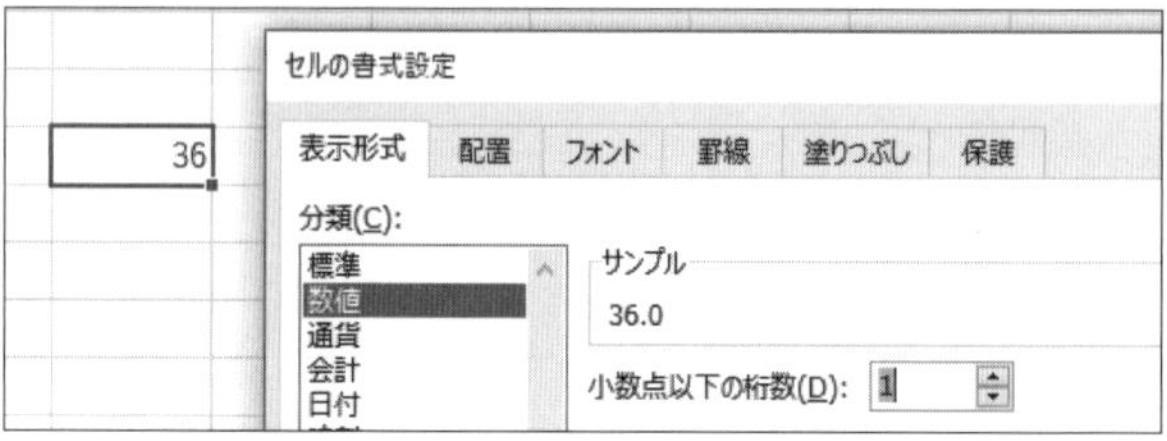

有効数字は多ければよいというわけではない

あるアンケートの5つの質問A～Eに対して「はい」と答えた人の割合を、表3－3にまとめました。

30・77や53・84など、えらく桁数が多いですね。みな有効数字なのでしょうか。このように、割合を示すのに4桁も5桁も使っている表は、わりとよく見かけます。

一番下の7・69に注目してみましょう。これは1／13＝0・076923…の100倍にほぼ近い値です。他の値は7・69のほぼ整数倍の値になっています。30・77≒7・69×4、69・23≒7・69×9、23・08≒7・69×3、53・84≒7・69×7。ということは、たぶん回答者はたった13人で、そのうちの4，9，3，7，1人が「はい」と答えたと推測されます。

回答者が13人だと、割合の有効数字は1桁しかありません。回答者100人でも、1人の違いは1％の差になります。したがって有効桁数は2桁です。私は300人くらいまでに対する割合の表示は、2桁

質問	「はい」と答えた人の割合（%）
A	30.77
B	69.23
C	23.08
D	53.84
E	7.69

表 3-3　アンケート結果

か、せいぜい3桁にします。それより多い桁数で%が表示されている表は、有効数字の概念がわかっていない人が作ったものです。上の例では、桁数を余分に表示したために、回答者数が少ないことが推測されてしまいましたね。いちおう、回答者が13の整数倍（n倍としておきます。130＝13×10ならn＝10）、「はい」と答えた人の人数がすべての問題でnの倍数、n＝10ならA〜Eで40人、90人、30人、70人、10人のようになっていた場合表と同じ結果になりますが、nが大きくなるほど起こりにくくなると考えられます。

第3章のまとめ

- 正確な値や近似値を知らなくても、数値の桁数、つまりオーダーを把握していればよい場合もあります。
- 目の子算とは、知りたい値をオーダー程度で推定する簡略な計算法です。
- 何桁かの数字で表された値にたいして、位取りを示す0を除いた、正しく値を示している数字を有効数字と呼びます。有効数字の個数を有効桁数といいます。有効数字を意識することは大切です。

章扉の解説

アンケート結果を見ると、少数第2位まで表記されていますが、一番割合の少ない5・88％に着目すると、これは17分の1とほぼ等しい値です。その他のアンケート項目も見ていくと、アンケートの回答者はわずか17人で、はいと答えた人数は上の項目から15人、9人、3人、11人、1人と推測されます。

また、「推定200万人の大学受験者」という数字についても考えてみましょう。文部科学省による学校基本によると、令和5年3月の高校の卒業者数は100万人弱で、既卒者も合わせた大学受験者数はおよそ60万人となっています。200万人とは大きな隔たりがありますね。詳しい値を知らなくても、日本の総人口と少子化という現状を踏まえると、200万人という数字がおかしいことに気がつけます。

第4章

デジタル化すれば便利になる？
——アナログとデジタル

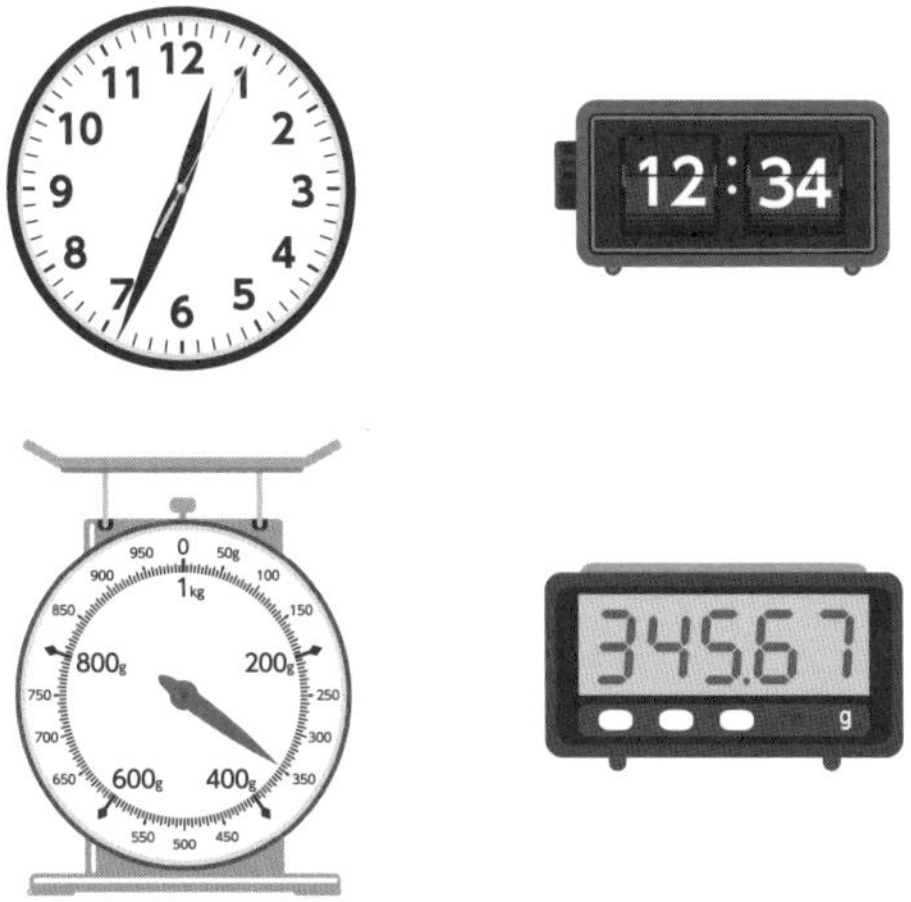

4.1 アナログ表示とデジタル表示

数値を、アナログで表示する方法とデジタルで表示する方法があります。

アナログ表示では、数値をそれに応じた物理量（角度、高さなど）で表します。図４－１を見てください。左２つはアナログ表示の時計と秤です。どちらも、真上の所から針が右回りにどれだけの角度回っているかで、時間（時・分）や重さを表しています。今は珍しくなりましたが、アナログの温度計や体温計は、水銀柱の高さ（長さ）で温度を示していました。

これに対して、デジタル表示は図４－１の右２つのように、数値を数字で示します。

飛行機の操縦室にある高度計は、デジタル表示があっても、必ずアナログ表示も備えなければいけないそうです。理由はいくつか考えられます。

- アナログであれば数値を読み取らなくても、メーターの針が触れる方向と位置さえ見れば大まかな情報がつかめるので、水平飛行か、上昇中か、下降中か、また上昇・下降の速さが感覚的にパッとわかります。
- よく飛ぶ高度はパターンとして覚えています。

- アナログ表示のほうを見れば、読み間違いに気づくことができます。たとえば、デジタル表示の23，000フィートと28，000フィートを読み間違えることがないとはいえません（フィートは高度を表すときに使われる単位）。

自動車の速度計は、デジタル表示とアナログ表示があり、両方ある車もあります。デジタル表示のエンジン回転計がひところ出ましたが、不評ですぐアナログ表示に戻りました。理由は、

- 数値の変化が激しいので、読み取りにくい
- 回転数が増加しているのか減少しているのかが重要だが、それをつかみにくい

からです。

図 4-1　アナログ表示（左）とデジタル表示（右）

お金に関しても、電子マネーや仮想通貨など、金額が数字で表されるデジタルと、お札や通貨の枚数という物理量で金額を表すアナログという分け方ができます。

普段生きている上でお金の重さというものを考えることはなかなかありませんが、多額のお金となると問題になってきます。1968年（昭和43年）に、銀行から会社へボーナス用のお金[注1]を運んでいた現金輸送車から、警官に扮した男に3億円が奪われるという事件が起きました。犯人はわからず、時効になっています。

当時も今も、最高額のお札は1万円ですから、3億円は全くのアナログになります。ジュラルミンのケース3個に入れてあったそうです。体積も重さも相当なもので、現在の一万円札では、百万円の札束で、縦76㎜、横160㎜、厚さ約1㎝、重さ約100gです。3億円すべてを現在の一万円札で用意すると、一万円札が3万枚になりますから、縦38㎝×横32㎝×高さ30㎝、重さ30㎏になります。当時の一万円札（聖徳太子）は今より少し大きかったですし、少額の紙幣も混ぜたようですから、これよりも体積も重さも大きかったでしょう。運ぶのも隠すのも大変で、複数犯説が出た一つの理由であったようです。

3億円事件から何年か後に、銀行員が海外の自分の口座に5千万円を不正に入金して、東南アジアに高飛びしようとしたところを空港でつかまった、という事件がありました。ふだん50万円

注1　当時は給料の銀行振り込みはできず、給料袋にお金を入れて渡していました。正確には2億9,430万7,500円。

とか100万円の入出金や送金は扱っているでしょうから、0を2つ余分に打つだけです。これはデジタル時代の犯罪ですね。アナログの5千万円の札束を盗むのに比べて、罪悪感は薄かったのでしょうか。

4.2 アナログ情報とデジタル情報、それぞれの特徴

以下では、アナログ表示された情報をアナログ情報、デジタル表示された情報をデジタル情報と呼びます。

アナログ情報は、次の特徴をもっています。

(1) 人が直観的に数値の大きさや増減を把握することができます。

(2) 細かいところまでは数値を読み取れません。例えば、アナログ表示の体重計で0・1kgの単位まで正確に読むことは無理なのでおおよその値を読み取ることになります。一方、デジタル表示の体重計では0・1kg単位で表示するのが普通です。0・1kg単位まで正確かどうかはわかりませんが。

第3章で述べた有効数字という視点から考えましょう。アナログ表示では、体重計の例のよう

に、目盛りの1／10程度が有効数字ということになります。デジタル表示では、何桁も表示されて、どこまでが有効数字なのかわからないことがあります。例えば、近年の体重計では、何もしなくても1日で消費されるカロリーの量である基礎代謝が図れるものもありますが、これが1400キロカロリーと表示された場合、1の位まで正確なものなのか、100の桁までが正確な値なのか、仕様を確かめてみないと分かりません。

（3）コピーしたり、送ったりすると数値が少し変わることが起きます。

昔のコピー機では、コピーしたものからまたコピーするということを繰り返すと、しだいに画質が悪くなりました。アナログ情報としてコピーしていたからです。今のコピー機はデジタル情報として記録して印刷するので、何回かコピーを繰り返しても画質がほとんど落ちません。昔のアナログの写真は色があせてしまい元の姿に戻すのは困難になってしまいますが、デジカメやスマホで撮ったデジタル写真はデータさえあれば時がたっても元どおり再現できます。

デジタル情報は、アナログ情報にたいして次の長所を持っています。

（1）正確な複製や保存ができます。

アナログ情報の特徴の（3）で触れたように、正確なコピーや劣化しない写真の保存ができます。

(2)正確に送ることができます。

(3)情報を圧縮して記憶したり送ったりすることができます。携帯電話、スマホ、インターネットでは、これを利用しています。アナログの写真を郵送で送ることは可能ですが、記憶（保管）するにも送るにも、アナログのままでは元に戻る形で圧縮することはできません。

(4)大量の情報から目的の情報をすばやく検索したり、編集したりできます。紙の書類の中から必要な書類を見つけるのは手間がかかりますが、デジタルデータは検索すればすぐに見つかります。

(5)コンピューターで統合的に扱うことができます。コンピューターでは、デジタル化された文章（テキスト）も、数値も、音（音声や音楽）も、画像（写真やイラスト）も、動画（映像）も、すべて0か1かのビットが並んだ形式で表します。アナログ情報は、文章とか数値とか音とか画像・動画とか、それぞれ扱える道具が違います。コンピューターは、それらをすべて0か1が並んだデジタルデータとして扱うことができるわけです。

(6)デジタル情報としてインターネット上に置けば、世界中どこからでもアクセスできます。

村井純は『インターネット新世代』（岩波新書、２０１０）で、インターネット・放送・携帯電話の技術の進展と統合化を説明しています。アナログならできない処理をデジタルではできるからです。技術の大きな方向とそれが社会に及ぼす変化を、未来を予測して書いているので、今でも新しさは失われていません。

演習４・１

スマホでできることを列挙してください。

解答

- 情報の検索
- 写真の撮影
- 電話をかける
- 電子マネーを使う
- ゲームアプリで遊ぶ

など様々な形でデジタルデータを活用しています。

演習4・2

この章で述べたアナログ情報とデジタル情報のいくつかの比較例を参考に、デジタル情報の短所を答えてください。

解答

スピードメーターなど、大まかな値を読み取るだけならばアナログ情報の方が便利なことが多いです。また、数百年以上前の紙に書かれたアナログデータが劣化は見られても多く残っているのに対して、デジタルデータについては、記録している媒体を適切な環境で保管しておいても数十年や百年にわたって保存するのは厳しいといわれています。

演習4・3

デジタル教科書の利点を考えてください。デジタル教科書に欠点があるとしたら、どんなことでしょうか？

解答

デジタル教科書の利点は、文字の拡大や内容の読み上げなど、学習する人に合わせた情報を提供できることが挙げられます。デジタル教科書だけで授業をするとなれば、重い教科書を持ち運ぶ必要もありません。

一方で、欠点としては、セキュリティに気を付ける必要があることが挙げられます。アナログの教科書であれば落書きをされたり、書いてある名前を見られるくらいかもしれませんが、デジタル教科書の場合は成績、ID、パスワードなどの個人情報を抜き取られたり、ウイルスに感染したりといったリスクが考えられます。

デジタル化の進展の影響で、人もデジタル的な考えかたをするようになる恐れがあります。例えば、データの集計の際、賛成の人の割合をデータとして出したいと考えていると、どっちつかずの意見が出た場合は賛成に入れるべきか反対に入れるべきか難しくなってしまいます。デジタルで考えやすいように賛成か反対しか選択肢がないように設定してしまうようなことが考えられます。「イエスかノーか」「味方か敵か」に二分する考えかたは、その典型です。「賛成と反対の中間」とか、「賛成に近いけれど、○○だから100％賛成ではない」とか、アナログ的な態度を許容することも重要です。

4.3 デジタルはどのように情報を伝達しているのか

生物の遺伝子はDNAが持っています。DNAは2本の鎖が二重のらせんを形づくっています。鎖は、A（アデニン）、T（チミン）、G（グアニン）、C（シトシン）という4種類の記号が並んでいて、記号の並びかたで遺伝情報を表しています。つまり、0と1で表されるコンピューターの情報と同じように、遺伝子はデジタル情報です。

遺伝子がアナログ情報でないことは、理屈に合っています。遺伝子がアナログ情報だと、親から子へ送るとき、アナログ情報の特徴（3）で述べたように、少し変わってしまう可能性があります。そうすると、ホモ・サピエンスとかCerasus（サクラ）とかいった種の確立はなかったでしょうし、それらに至る生物の進化もなかったでしょう。

遺伝子のデジタル情報も、コピーするとき一部変わってしまうことがあります。それによって起こるのが突然変異です。突然変異を繰り返すことによって、最初の原始的な生物から人類などに至る進化をもたらしました。

デジタルという言葉とは無縁のように見える生物（生命体）が、根本のところでデジタル情報を利用しているのは、面白いですね。

コンピューターでは、数値を**2進数**、すなわち0か1が並んだ形で表しています。私たちが使っているのは**10進数**ですから、コンピューターへの入力のところで10進数から2進数に変換し、出力のところでまた10進数に戻しています。なぜそんな面倒なことをしているのでしょうか？ また、コンピューターの記憶素子も演算素子も、2進法、つまり0か1かで動いています。素子とは、最小単位の部品のことです。

2進数や2進法を使う理由は、2つの安定した状態を持ち、そのあいだで状態を切り換えられる素子が何種類もあり、かつ作りやすいからです。たとえば、

- トランジスタに電流が流れているかいないか（演算素子）
- 磁石の上の極がNかSか（磁気ディスク）

- 平面上に突起があるかないか（CD－ROM）
- LEDが光っているか消えているか（表示素子）

これらについて一方を0、もう一方を1に設定すれば2進数を表現することが可能です。10進法で数値を表したり計算したりするには、10個の安定した状態を持ち、そのあいだで状態を切り換えられる素子を用いなければなりません。そのような素子は作りにくいうえ、何種類もあるとは言えません。ですから、コンピューターでは2進数、2進法を使っているわけです。

0か1かが並んだデータとすることによって、デジタル情報の長所（5）で述べたように、さまざまな種類のデータを統合的に扱うことができます。

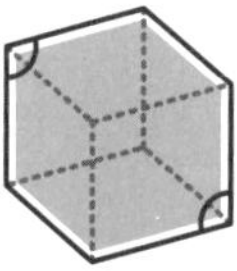

第4章のまとめ

- 数値をそれに比例した何かの物理量で表す方法を、アナログ表示といいます。そのように表された情報をアナログ情報といいます。
- 数値を何桁かの数字で表す方法をデジタル表示といいます。そのように表された情報をデジタル情報といいます。

● アナログ情報、デジタル情報には、それぞれ特徴あるいは長所・短所があります。

● デジタル情報で表すことによって、インターネット・放送・携帯電話が統合されていきます。スマホはその最先端の例です。

● コンピューターでは数値を2進数で扱っています。計算や記憶も2進法で行います。それによってさまざまな種類のデータを統合的に扱うことができます。

章扉の解説

アナログは数値を目盛りの高さや針の角度といった物理量で表します。デジタルは数値を数字で表します。デジタルのほうが優れているようなイメージがありますが、アナログにも優れた点があります。

第5章

平均値は真ん中の値？
――データの特徴を数値で表す

求人
未経験者歓迎！
平均年収
1000万円
中央値400万円、最頻値300万円
失敗の続いた社員も
上司による教育で
営業成績向上！

5.1 平均値と中央値

体重や年収、成績などの数値の集まりを考えるときに、それらがおよそどのくらいの大きさかを一つの値で示したいとします。この目的で最もよく使われるのは**平均値**です。

平均値は暗に図5－1のような一山型の左右対称な分布を仮定していて、そのような場合には平均値は山の一番高いところの付近となり、数値の分布をよく代表します。つまり、このような形の分布の場合は、平均値の値がそのデータを代表する値ということができます。

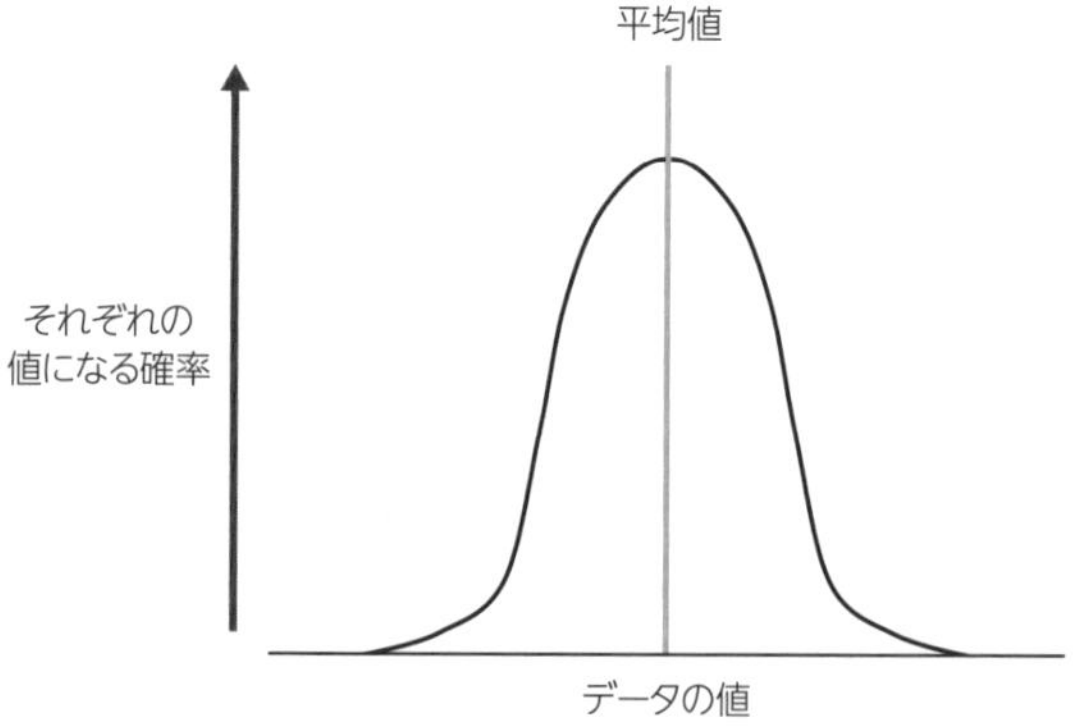

図 5-1　一山型の左右対称な分布
横軸のデータの値は、例えば成績であれば左端を0点、右端を満点のようにとる。縦軸は同じ得点をとった人が多いほど高さが高くなる。

演習5・1

ある学年の男子の身長の分布と体重の分布では、どちらが一山型の左右対称な分布に近いでしょうか？

解答

令和4年度の15歳男子の体重と身長の分布は図5－2のようになります。一山

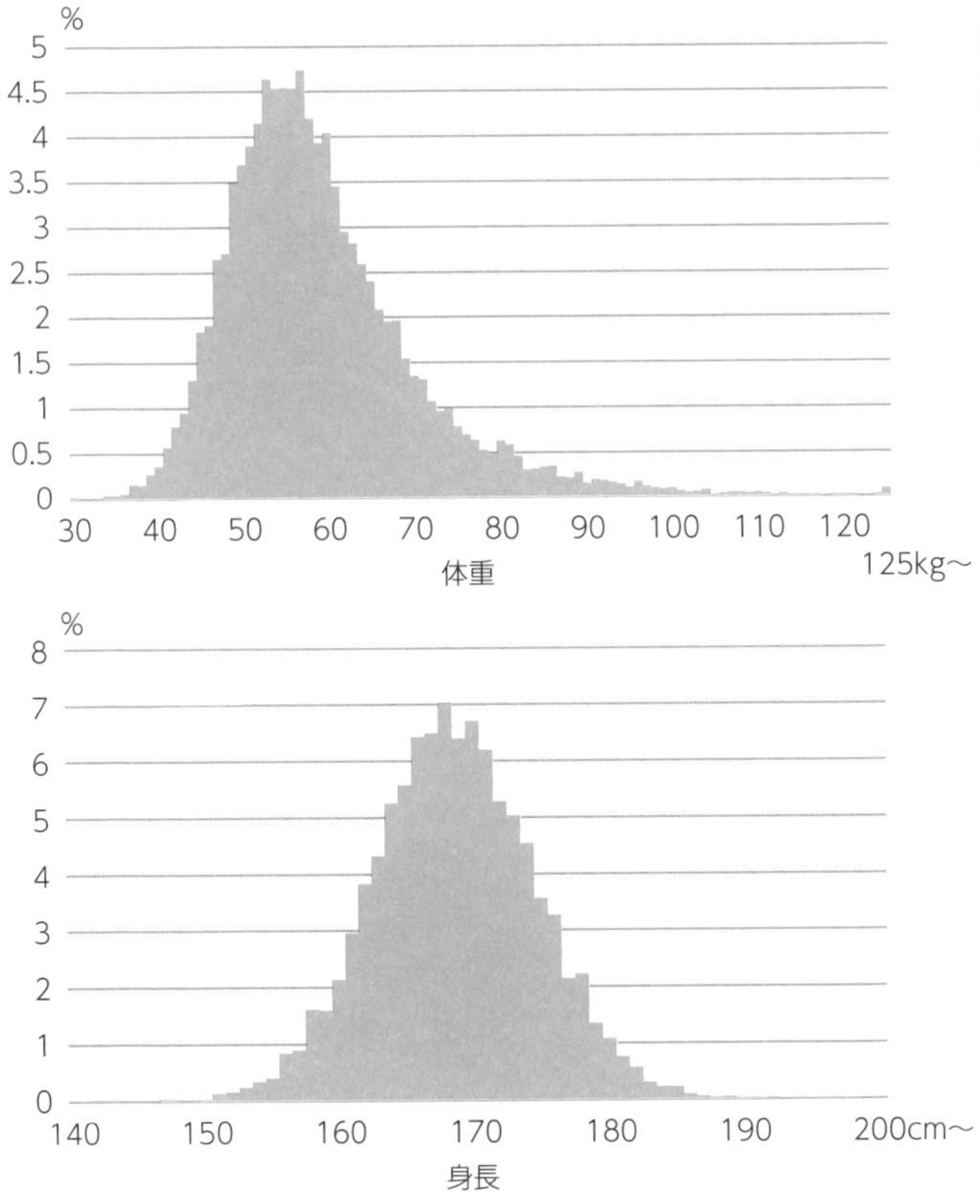

図 5-2　15歳男子の体重と身長の分布　学校保健統計調査より

型で左右対称な分布に近いのは身長であることがわかると思います。身長の平均は168・6cm、体重の平均は59・1kgで、身長は山の一番高いところの付近となっていますが、体重はそこから少しずれているように見えます。

平均値が適切でない例の一つは、図5－3に示す所得の分布です。この図は、2021年の世帯所得の分布を示しています。図中に書いてあるように、平均値は545・7万円です。えっ、そんなに多いの?と思う人もいるかもしれません。所得の分布にたいしては、平均値は多くの人が思う値より高めに出ます。理由は、分布の右の裾を見ればわかります。1000万円以上とか、1500万円以上とか、さらには2000万円以上という世帯が、少しずつ減ってはいきますが存在するからです。それらの高所得世帯に引きずられて、平均値は高めになるわけです。平均値以下の世帯が61・6％あることも記されています。左右対称な分布であれば、平均値より大きい世帯と小さい世帯は50％ずつになるはずです。

図には中央値423万円とも書いてあります。**中央値**というのは、所得の多い世帯から順に並べたときの、真ん中の世帯の所得の値です。日本の世帯数を5000万マイナス1世帯とすると、上から数えて（下から数えても同じですが）2500万世帯目にあたる世帯の所得額が中央値にあたります。当然、中央値より大きい世帯と小さい世帯が50％ずつになります。図5－3を見ると、平均値よりも中央値のほうが所得の分布を代表する値として、適切なように思えます。最頻値というのは、最も頻度の高い値のことで、図5－3では200－300万が一番多くなっているので、中央の250が最頻値となります。平均値だけでなく、中央値や最頻値も考えることで、統計データがどのような意味を持っているのか詳しくわかってきます。

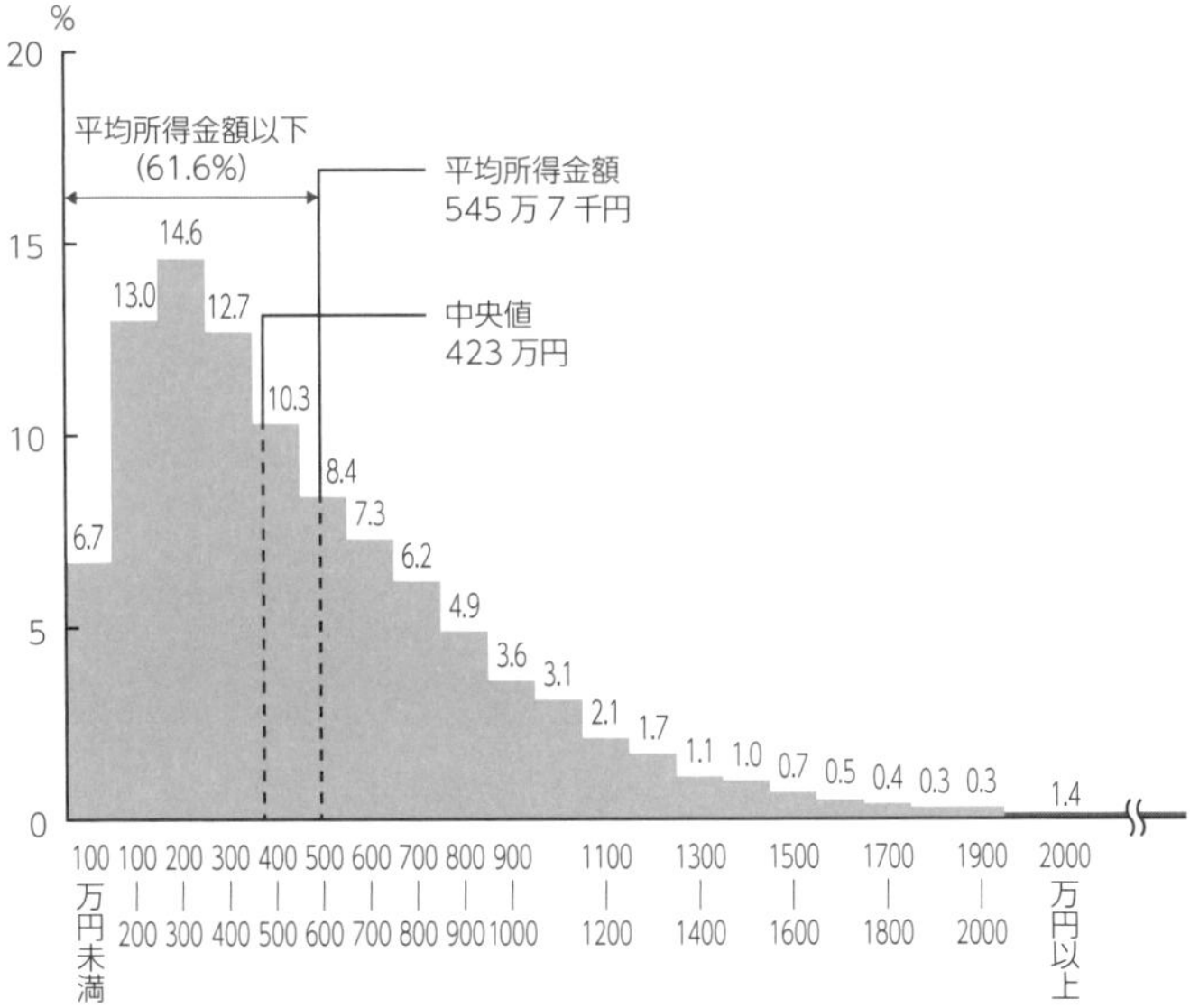

図5-3　2021年の世帯所得分布

演習5・2

所得の分布のように、右に長く裾を引いていて、代表する値を平均値で表すのが適切でない分布をほかにも挙げてください。

解答

所得と同様に貯蓄額も右に長く裾を引いた分布になります。このほかにも、1ヶ月に何冊の本を読むのかという分布では、1冊も読まない人が多くいる一方で、10冊以上読むという人もいて、右に長く裾を引く分布になることが予想されます。このような場合、「平均で月に5冊本を読んでいる」というような、1冊も読んでいない人が多くいるという現実に反して、分布を代表しているとはいえない値が出てくる可能性があります。

アンドリュー・J・サターは、『経済成長神話の終わり――減成長と日本の希望』（講談社現代新書、2012）で、次の指摘をしています。

2000年を基準にとると、2007年まで平均所得（1人あたりGDP）は増えているが、

2名以上世帯の所得中央値は減っている。

びっくりして、最近の世帯所得の平均値と中央値の推移を調べてみました。結果を表5－1に示します。

最近は、世帯所得の平均値も中央値も細かい増減を繰り返しているだけのようで、安心しました。2019年のデータ（2020年調査）は新型コロナのため取得できていません。

世帯所得の平均値が年とともにどのように変化したか（推移）は、厚生労働省の「国民生活基礎調査の概況」で表やグラフになっています。一方、世帯所得の中央値の推移は、1つの表やグラフになっていません。表5－1は、毎年の国民生活基礎調査から私がまとめたものです。所得の分布に関しては平均値よりも中央値のほうが適切であることを知らないのか、それとも意図的でしょうか。それと、政府の統計はいまだに世帯単位なのですね。

年	所得平均値	所得中央値	平均値以下の世帯の割合
2015	545.8	428	61.4%
2016	560.2	442	61.5%
2017	551.6	423	62.4%
2018	552.3	437	61.1%
2019	–	–	–
2020	564.3	440	61.5%
2021	545.7	423	61.6%

表5-1　最近の世帯所得の平均値と中央値

なお、2021年の2人以上の世帯の貯蓄高の分布、平均値、中央値は https://www.stat.go.jp/data/sav/sokuhou/nen/pdf/2021_gai2.pdf にあります。

平均値も中央値も、数値の集まりをただ1つの値で代表させます。平均値のまわりで数値がどれくらい広がっているかを表す値が分散と、その平方根である標準偏差です。これらについては深入りしませんが、平均値と標準偏差を使って試験の成績で出てくる偏差値が計算されます。

5.2 平均への回帰

時間とともに変わるデータを考えます。たとえば、野球選手の日々の成績や、生徒の毎回のテストの成績などです。

これらのデータは、良くなったり悪くなったりします。その平均を考えると、平均より良い値のときは、次はその値より悪くなる（平均に近づく、あるいは平均より悪くなる）可能性が高いはずです。逆に平均より悪かったときは、次は良くなるはずです。

たとえば、ある投手が7回を無得点という普段の成績より好投をしたとしたら、次の登板でも同じように活躍すると考えるよりも、それよりは悪いと予想すべきでしょう。テストでふだんより良い得点を取ったときは、次はそれより落ちると覚悟しておくほうがよろしい。これを平均への回帰と呼びます。

ただし、これは、毎回の値がそれ以前の値とは無関係に決まると仮定しています。これを「独立である」とか「確率的に独立である」と言います。投手がいま絶好調であるとか、勉強に熱を入れ始めたとかで、平均より良い値が続くことはあり得ます。

演習5・3

あるテストで平均より得点の悪かった生徒だけを集めて、先生が補習をしました。次のテストで、補習をした生徒のほうが、しなかった生徒に比べて平均的には得点が向上していました。先生は「補習の効果があった」と言っています。平均への回帰という点から、これをどう思いますか?

解答

平均への回帰という点で見るならば、得点の悪かった生徒が次回はいい点数をとる確率が高いので、補習を受けていなくても良い成績がとれていた可能性があります。

5.3 でためを科学する　確率の計算

次は、確率について考えてみましょう。直感からどんなことが起こりやすいか判断することもありますが、実際に計算した結果を見てみると、直感が誤っていることも多くあります。ここでは、問題を解いて考えてみることで、確率についての理解を深めていきましょう。

ルーレットは18個の赤い溝と18個の白い溝があって、そのどこに玉が落ちるかを賭けます。アメリカ式のルーレットでは、それ以外に0と00という溝があって、赤か白か予想する賭けではそこに玉が落ちればカジノの儲けになります。以下では、この2つの溝は無視します。つまり、0か00に玉が落ちたときは、その回は飛ばして考えてください。

演習5・4

2人の客がこう言っています。

A：もう4回続けて赤が出たんだから、次は絶対白だぜ。俺は白に賭ける。

B：もう4回続けて赤が出たんだから、次も赤だぜ。俺は赤に賭ける。

あなたはどちらに乗りますか？

解答

ルーレットの玉の落ちる枠が、それまでの経過に無関係（独立）ならば、どちらの客の予測も正しくありません。赤が出るか白が出るかは、（インチキをしているカジノでないかぎり）半々の確率です。

演習5・5

10回の玉の落ちかたとして、次のどれが最も起こりやすいでしょうか？

（a）赤赤赤赤赤赤赤赤赤赤
（b）赤白赤白赤白赤白赤白
（c）赤赤白赤白白白赤白赤

解答

どれも同じ確率です。赤が出る確率も白が出る確率も2分の1ですから、（a）の場合は1回目に赤が出る確率2分の1、2回目赤が出る確率2分の1…10回目赤が出る確率2分の1と、

2分の1を10回かけたものが確率になります。(b) について考えてみましょう。1回目に赤が出る確率は2分の1、2回目白が出る確率は2分の1…10回目白が出る確率は2分の1なので、こちらも2分の1を10回かけたものが確率となります。同様に、(c) も同じ確率となります。

演習5・6

次の3つの番号のうち、1等が当たる確率の最も大きいのはどれでしょう？ 組番号は同じとします。

(a) 123456
(b) 177777
(c) 138592

解答

どれも同じ確率です。(a) や (b) のような規則的な当選番号は見たことがない、とあなたは言うでしょう。(c) はそれらに比べてでたらめ (ランダム) に並んだ番号のように見えます。こんな番号のほうが当選しやすいように思えます。しかし、（c）の当選番号も、おそらくあなたは見たことがないでしょう。

（a）や（b）のような番号を「美しい番号」と呼び、（c）のような番号を「でたらめな番号」と呼ぶことにします。どういう番号を「美しい番号」とするかはあいまいですが、「美しい番号」の集まりは、宝くじの番号全体のなかできわめて小さく、ほとんどは残りの「でたらめな番号」です。ですから、あなたが当選番号として見た番号は、とても大きな「でたらめな番号」の集まりのなかのいくつかであるわけです。「でたらめな番号」の集まりじたいは大きくても、そのなかの特定の1つの番号（c）は、（a）や（b）と同じ確率でしか当選しないのです。でもやっぱり（c）を買いたいですって？　…私も同じです。

演習5・7

ルーレットを20回まわします。赤が5回以上連続して出る確率はどれくらいだと思いますか？

解答

答えは0・276、およそ28%です。あなたの予想はずっと小さかったのでは？　この答えは、「ツキ」と考えられているものが、あんがい単なる偶然で起こりえることを示しています。

演習5・8

30人のクラスに誕生日が同じ生徒の二人組が居る確率はどれくらいだと思いますか。次のなかから選んでください。

①10%　②20%　③30%　④50%　⑤70%

解答

⑤70%です。そんなに大きいとは思わなかったでしょう。「誕生日のパラドックス」と呼ばれています。

演習5・9

気分転換に、頭の体操を。

(a)知人が女の子を連れていました。「もう一人子どもがいるのだけれど、その子も女である確率は？」

（b）知人が女の子を連れていました。「この子は上の子で、下にもう一人いるのだけれど、その子も女である確率は？」

※男女が生まれる確率は等しいとします。

解答

（a）1／3です。1／2と答えた人は残念でした。2人の子どもの性別を上の子下の子の順で挙げると、男男、男女、女男、女女の4通りで同じ確率になります。女の子を連れているのですから、男男はあり得ません。もう1人も女であるのは、残りの3通りのなかの最後だけです。

（b）これは1／2で正解です。男男、男女、女男、女女の4通りのうち、上の子が女の子なのは女男、女女なので、下の子も女の子になる確率は1／2になります。

第5章のまとめ

- 所得の分布のように、左右対称でなく、右に長く裾を引いている分布では、平均値は高めに出ます。中央値のほうが、分布を代表させる値として適切です。
- 時間とともに変わるデータで、平均より大きい値のときは、次はそれより小さくなる可能性が高い。平均より小さい値のときは、次はそれより大きくなる可能性が高い。これを平均への回帰と呼びます。

章扉の解説

平均年収1000万円と聞くと、入社すればかなりの高収入が見込めるのではないかと感じます。しかし、その下に小さく書いてある文字を見ると、「中央値400万円、最頻値300万円」とあります。これは、社員の年収を低い順に並べたときに真ん中に来るのが400万円の人で、300万円の人が最も多いことを意味しています。一部の人の年収がかなり高く、平均年収がその会社の社員の年収を代表しているとはいえない状況になっています。

「失敗の続いた社員も上司による教育で営業成績向上！」という文言も、失敗の続いた社員も平均への回帰を考えると、上司の教育がなくても成功した可能性があります。

第6章

データどうしの結びつきを考えよう
——因果関係を疑う

新製品
万能サプリメント
万能サプリメントを試した方から
喜びの声が続々！
風邪の症状が出ていましたが
これを飲んで数日で治りました！
Aさん(30代)
血圧が高かったので
今年１月に飲み始めたところ、
４月くらいから血圧が落ち始めました！
Bさん(50代)

6.1 病気が治ったから薬は効いた？「3た」論法と2×2表

〝3た〟論法というのは、昔ひでりが続いたときに行者を頼んでお祈りをしてもらったところ、「祈った→雨が降った→雨ごいが効いた」と信じて考える論法です。語尾の3つの「た」からの京都大学医学部の中山健夫教授の命名です。今でも、「飲んだ、治った、効いた」という論法が、健康食品やサプリメントの広告にあふれています。効果があると謳っているものを飲んで、実際に変化したのだから効いたのだろうと信じてしまいそうになりますが、冷静に考えてみましょう。

ある病状の人たち40人に新しく開発された薬を飲んでもらったところ、1か月後に25人の病状が軽くなったとします。この薬はこの病気に効くと判断していいでしょうか？

同じ病状の人たち28人には薬を与えないで様子をみました。1か月後に16人の病状が軽くなっていました。人の体には自然に病気を治す力が備わっているからです。

2つの結果を表6－1のようにまとめてみました。これを**2×2表**とか**クロス集計**とか呼びます。この表の第1行のデータだけを知らされると、この薬には効果があるように見えます。しかし、第2行のデータも知って比較すると、本当に効果があったのかどうか疑問です。確かに、薬を飲んだとき病状が軽くなった人は63%、薬を飲まないときは57%ですから、病状が軽くなった人の割合は、薬を飲んだときのほうが少し高くなっています。しかし、5章で取りあげたように、データにはばらつきがありますから、上の差によって薬の効果があるとは断定できません。きちんと調べるには、得られたデータが誤差の範囲なのかを調べる統計的検定という方法を用います[注1]。

先の例では、新しい薬の効果の判定に、飲んだグループと飲まなかったグループを比較しました。新薬を飲むグループと、すでにある同じような効果のある薬を飲むグループとを比較することもあります。新薬を飲むグループと、薬に似せて作った何も効果のないはずの偽薬を飲むグループに分けて比較することもあります。

比較対象として別の薬や偽薬を飲ませる場合には、**二重盲検法**というやり方がとられます。二重盲検法というのは、同じ病状の人たちをランダムに2つのグループに分けて、飲む薬を決めます。そのとき、飲む人にも医者にもどちら

	病状が軽くなった	病状が軽くならない
薬を飲んだ	25（63%）	15（37%）
薬を飲まない	16（57%）	12（43%）

表 6-1　薬の有無と症状の改善の 2 × 2 表

注1　詳しい計算は割愛しますが、今回の薬の場合、誤差の範囲と計算されます。

の薬であるか知らせないというやり方です。どの薬を飲んだかを知ることによって心理的に快復の差が出ることを防ぐためです。医者にも知らせないのは、医者の態度が影響することもあるからです。

偽薬であっても本物の薬を飲んだと思いこむことで治療効果が出てしまうことがあります。偽薬を英語でプラセボと言うので、プラセボ効果と言います。効果があるとして使用を承認された薬にたいして二重盲検法で偽薬と比較したところ、効果に差が認められなかったので承認を取り消されたという例もあります。医者が「これは偽薬ですよ」と言って渡しても、本物の薬とたいして効果の違いはなかったという例すらあります（ジョー・マーチャント『「病は気から」を科学する』、p.60、講談社、2016）。人には自然に快復する力が備わっていて、病気の快復には心理的な面も大きく影響するためです。

演習6・1

薬を飲むか飲まないかという比較では二重盲検法を使えない理由を、一瞬で悟ってください。

解答

非常に単純な話ですが、薬を飲んだかどうかわからないようにするのは基本的に不可能だからです。

演習6・2

2×2表を作って考えるべき例を思いついてください。たとえば、「私の大学では、推薦入学で入った学生は留年率が高い」とか、「A高校では理系に進学する女子は少ない」とか。

解答

マスク着用の有無と感染症への感染の有無が一つの例です。表6-2においてマスクを着用した人のデータだけを見て感染者がいたとすると「マスクは無意味である」という結論になってしまう可能性がありますが、マスクをしていない人のデータも並べることで、マスクの効果について検討できるようになります。

マスクをしていても感染しているのでマスクは効果ない？

	感染した	感染しなかった
マスクをしていた	82（15%）	453（85%）
マスクをしていなかった	163（32%）	346（68%）

2×2表で見ることで比較して検討できる。

表6-2　マスクの有無と感染の有無の2×2表の例

6.2 死人に口なし？　生存者バイアス

2×2表の第1行と第2行のような比較を行うときには、生存者バイアスということにも気をつけないといけません。生存者バイアスというのは、調査を2回して比較するとき、1回目の対象者のなかで2回目には含まれない人がある程度いると、2回目のデータが偏ります。そのため、比較結果が歪んでしまう現象を言います。「生き残っている」というのは比喩的で、死亡だけでなく、たとえばある職場での調査ならば、退職した人が多ければ生存者バイアスが起こります。職場に不満を持っている人がいくら大量に退職したとしても、職場に残っている人だけに調査を行った場合不満は多くないかもしれません。入試成績と入学後の成績を比べて、成績が伸びた学校を調べたいときに、現在学校に残っている生徒だけを調べてしまうと、成績の良くない生徒をどんどん切り捨てて退学にさせる大学の方が成績の伸びやすい大学であるかのような結果になってしまいます。

薬の例で考えます。同じ病状の人を集めて薬や偽薬の効果を比較するときに、指定した期間の後に病状の回復が見られたかどうかを調べます。このとき、調べる対象者が減ってしまっていることがあります。たとえば亡くなってしまった人がいるとか、逆に退院や病院を変わったので検査することができないとかが考えられます。

生存者バイアスを紹介するのにしばしば用いられる有名な例は、次の話です。第二次世界大戦のとき、戦闘機を強くするために、機体の一部を強化することを検討しました。どこに追加するかを決めるために、弾が当たっても帰還できた戦闘機について、図6－1のように被弾した場所の分布を調べました。弾が多く当たったところ強化しようとしたところ、ある学者が反対しました。「弾

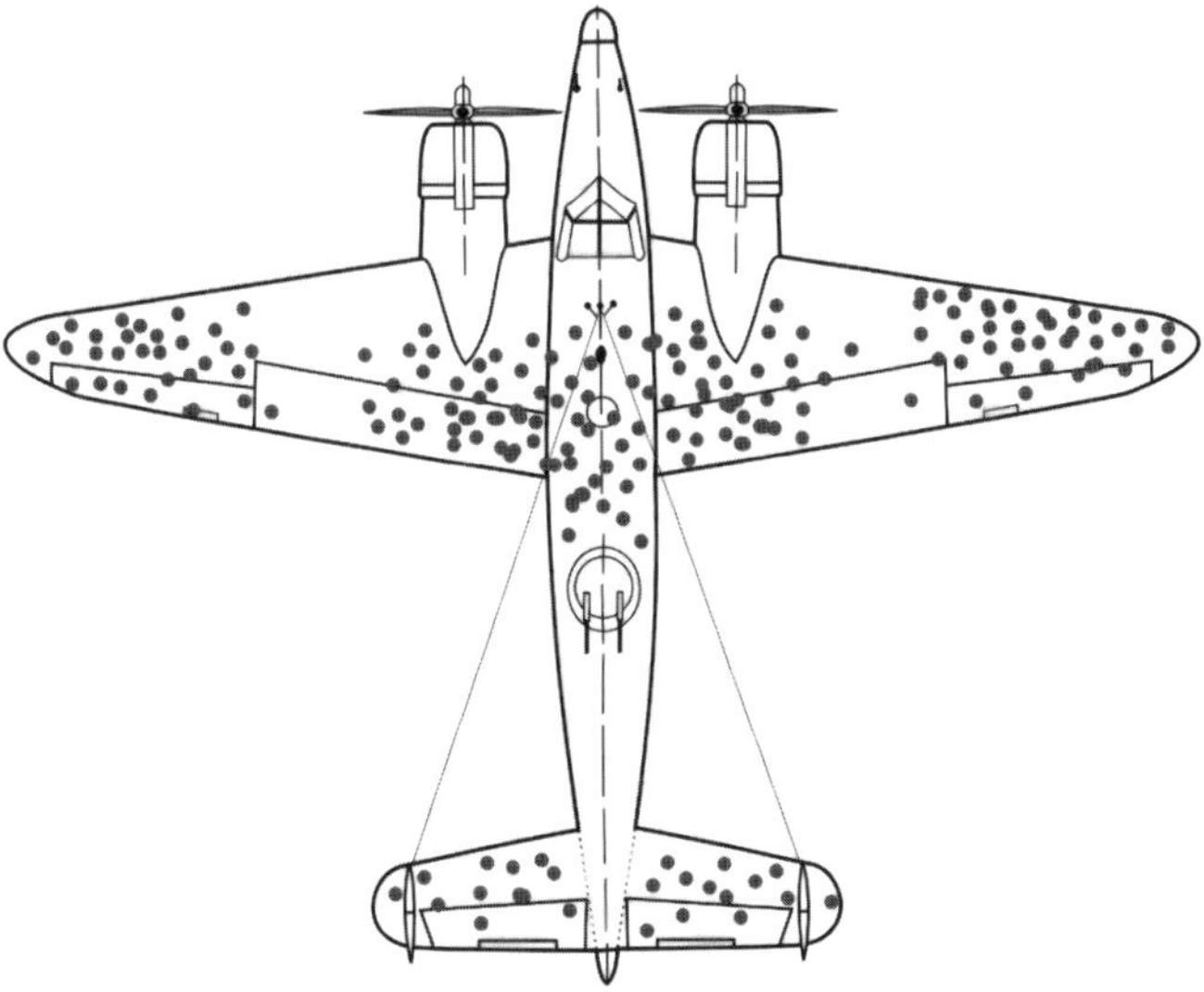

図 6-1　弾の当たった個所の分布の例
（Wikipedia の「生存バイアス」のページにある図。画像は説明のための仮想のデータで、当時の戦闘機の画像やデータではない）

がほとんど当たっていないところ強化するべきだ」と。

この逸話は実在する学者の研究内容を単純化したものであり、実際はもっと慎重に検討されているのですが、あくまで例として生存者バイアスという点で考えてみましょう。この調査では、帰還できた飛行機だけが調査の対象になっている点がポイントです。帰還している戦闘機がよく被弾している箇所ということは、その箇所は仮に被弾しても帰還できると考えられます。逆に、帰還した戦闘機が被弾していなかった箇所は、被弾すると帰還できない致命的な箇所である可能性があります。そのため、帰還した戦闘機が被弾していない箇所の補強が有効だと考えることもできます。

演習6・3

「俺の治療法でみんな治った」と豪語している医者がいます。生存者バイアスの点から考えてください。

解答

死んだ患者や他の病院に逃げ出した患者を捨てて、「みんな」に含まれないと考えているかもしれません。

6.3 グラフの形が似ているデータどうしに関係はある？

時間とともに値が変わるデータを考えます。時間と言っても、日、月、年などだと思ってください。時間とともに値が変わるデータを時系列データと呼びます。

図6－2（a）は、ある市の7月第1週から8月第4週までの、最高気温の週平均の変化です。簡単のために、第1週から第9週と番号を付けました。図6－2（b）は、同じ期間のその市のあるアイスクリーム店の週ごとの販売高です。2つの曲線（折れ線）は同じような変化を示しているように見えます。最高気温の高い週はアイスクリームがよく売れています。このように、あるデータとあるデータが原因と結果の関係にあるとき、因果関係にあるといいます。

2つの時系列データがあって、曲線の形（増減）が似ていると、人はそのあいだに因果関係があるのではないかと考えがちです。図6－2の例では、暑いほどアイスクリームを食べたくなったと考えられるので、その推測はたぶん正しいのですが。

しかし、時系列データがあって曲線の形が似ているからと言って、必ずしも因果関係があるとは限りません。一方が原因でもう一方がその結果であるということは、別のかたちで説明を付け

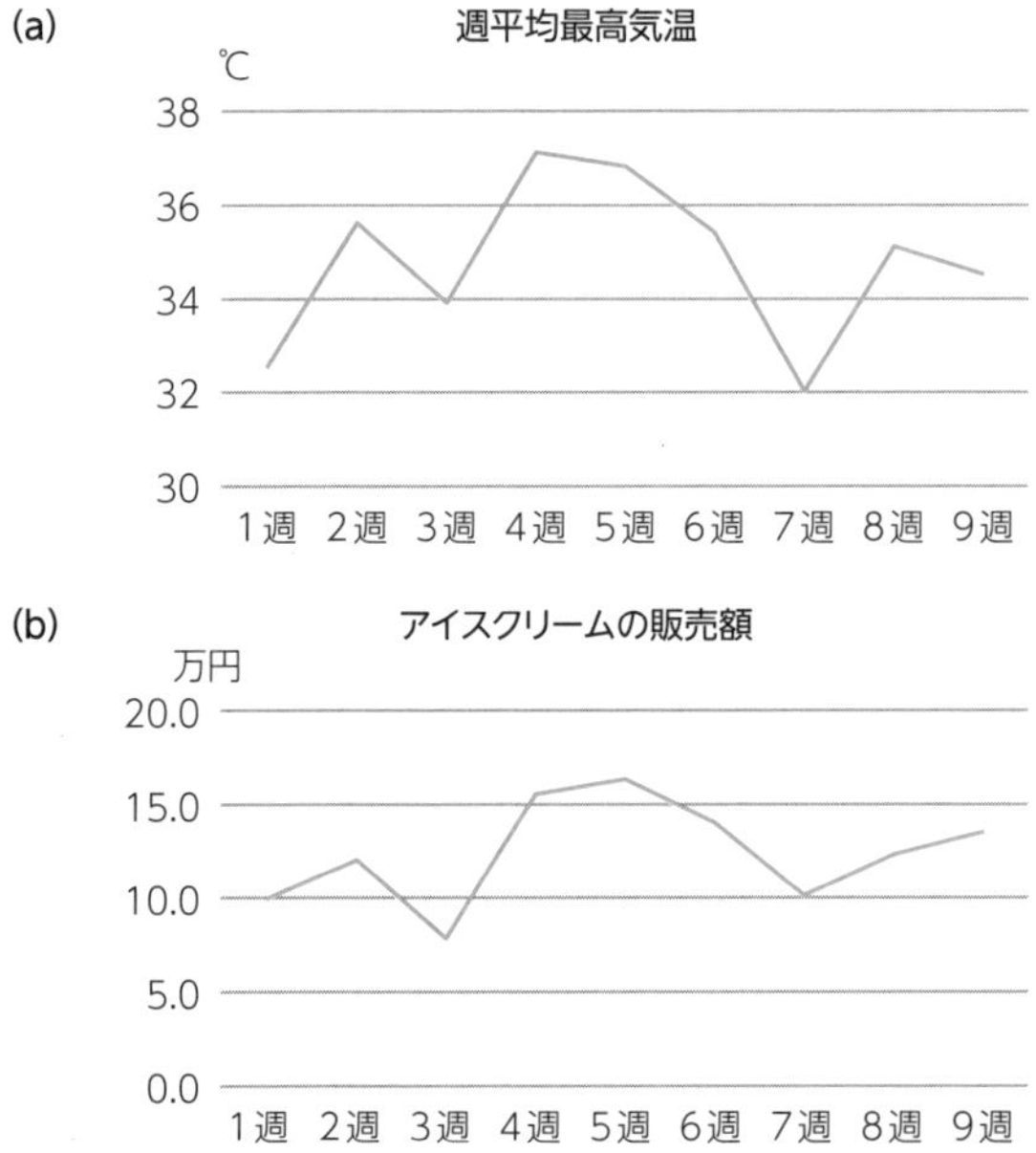

図 6-2　週ごとの（a）平均最高気温と（b）アイスクリームの販売額

なければならないのです。

曲線の形が似ていながら、何の関係もない2つの時系列を集めたウェブページがあります（https://www.tylervigen.com/spurious-correlations）。図6－3はその一例です。俳優のニコラスケイジが出演した映画の本数とプールに落ちておぼれた人数の比較です。

「曲線の形が似ている」ということを、時系列データ以外のデータに拡張した概念を相関と呼びます。相関は図6－4のように、ある数値が大きい時にもう一方のデータがそれに伴って大きくなる、もしくは小さ

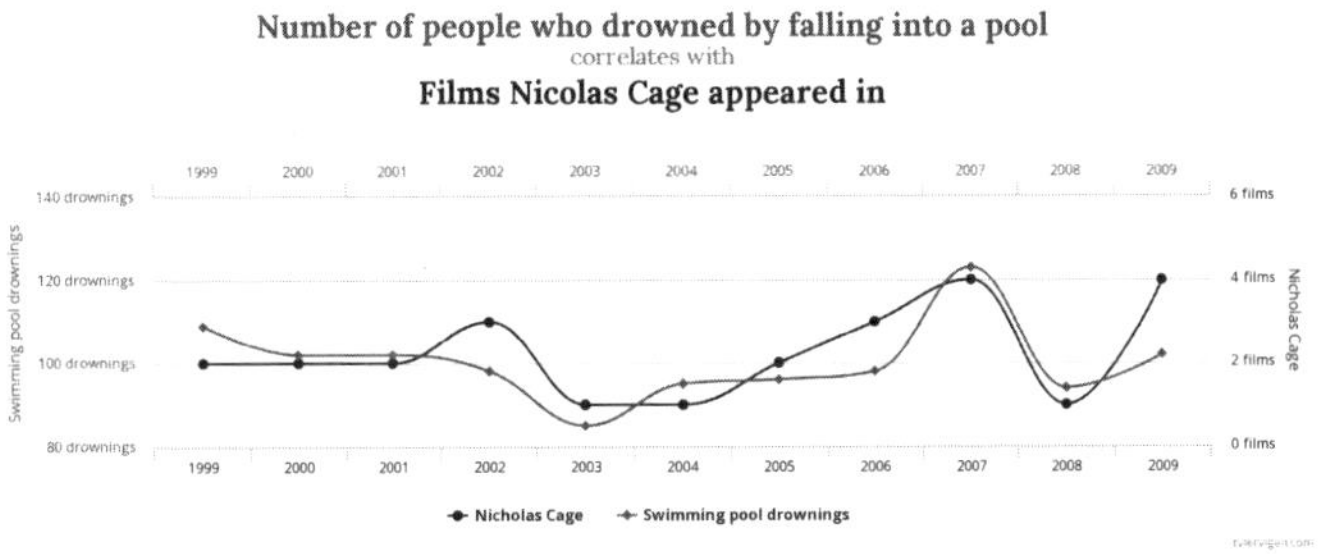

図 6-3　曲線の形が似ていながら、（おそらく）何の関係もない 2 つの時系列データの例

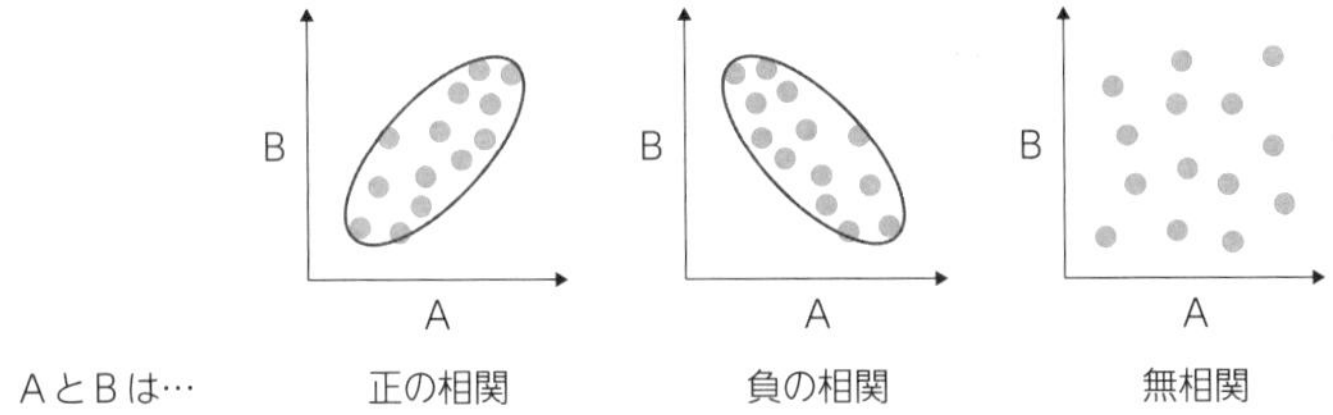

図 6-4　相関関係

くなる関係をいいます。相関についてはこの本では詳しくは触れません。知りたい人は、たとえば、阿部圭一：『よくわかるデータリテラシー　データサイエンスの基本』（近代科学社、2021）の第7講を読んでください。「相関があることは因果関係があることを意味しない」という注意は多くの本に書かれています。

　これがどういうことかというと、例えば、扇風機の売り上げとアイスの売り上げを見比べたときに、相関関係があったとします。では、この2つの売り上げは因果関係にあるでしょうか？扇風機やアイスの売り上げはもう一方の売り上げが上下する理由とはならないので、因果関係とは呼べません。新製品の扇風機やアイスが大ヒットしたからといって、もう一方の売り上げに影響が出るとは考えにくいでしょう。この2つと共通で因果関係にあるのは気温であると考えられます。

「時系列データの曲線の形が似ているから因果関係がある」とはいえないというのは、「相関があることは因果関係があることを意味しない」という注意の限定版であるわけです。

第6章のまとめ

- 薬を飲んだら症状が軽くなった人が多いというだけでは、その薬に効果があるとは言えません。薬を飲まなくても症状が軽くなった人がどれだけいるかも調べて、2×2表を作る必要があります。このことは、因果関係が考えられる他の例にも当てはまります。
- 薬の効果は二重盲検法によって判定されます。
- 調査を2回行って比較するときには、生存者バイアスに注意する必要があります。
- 2つの時系列データがあって、曲線の形（増減）が似ていても、そのあいだに因果関係があるとは限りません。

章扉の解説

Aさんが言うような風邪の症状は何も飲まなくても数日で治ることは珍しくありません。飲んだ、治った、効いたという典型的な3た論法ですが、サプリメントの効果が出たかはAさんの結果だけではわかりません。

Bさんの言うことを信じるなら血圧を下げる効果があるということになります。しかし、気温が低いと血圧が高くなり、気温が高くなると血圧が低くなるという変化がありります。血圧を下げた要因はサプリメントではなく季節の変化による気温の上昇であるという可能性があります。

第7章

ひっかけグラフにご用心
――グラフを読み解くポイント

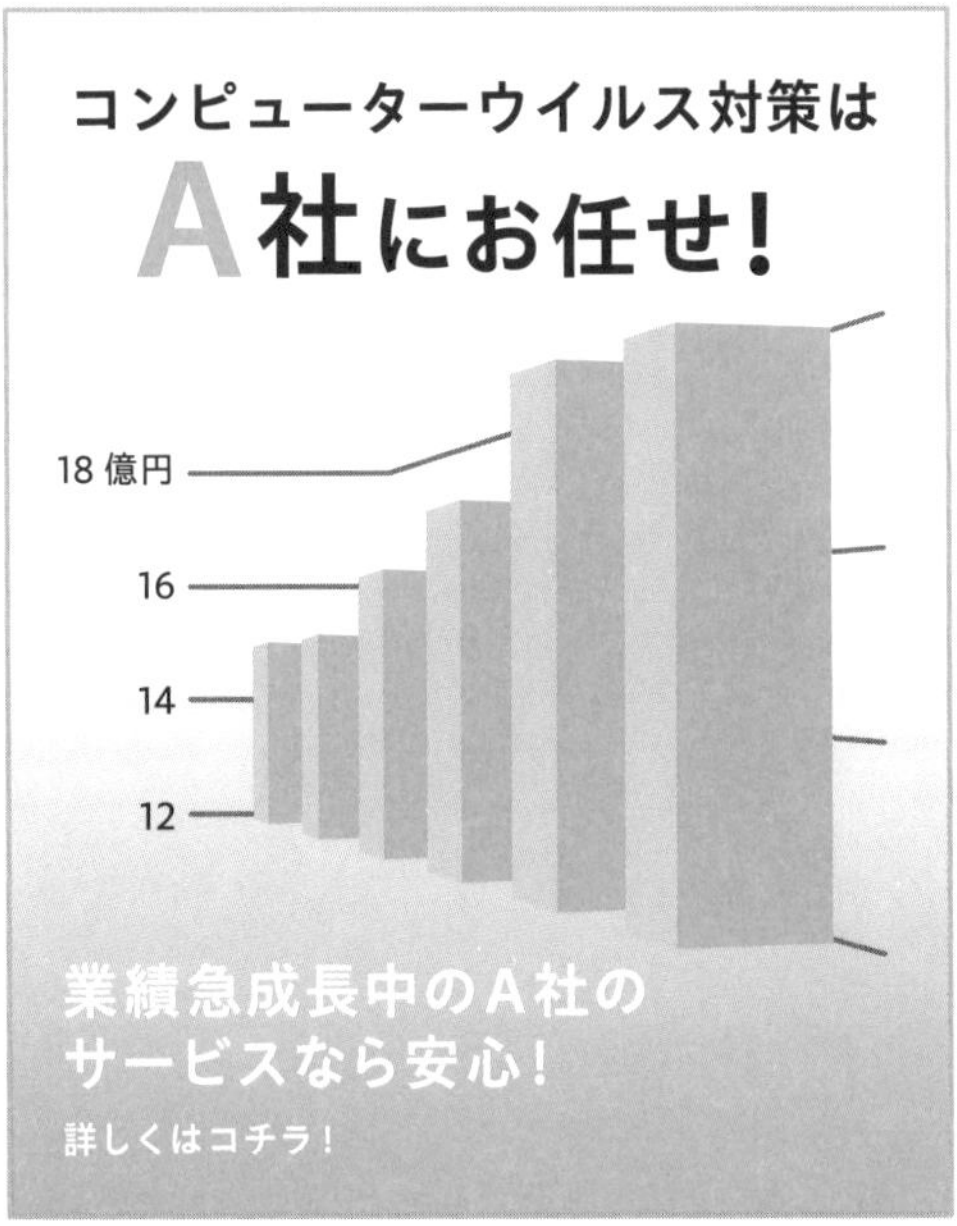

コンピューターウイルス対策は
A社にお任せ！
18億円
16
14
12
業績急成長中のA社の
サービスなら安心！
詳しくはコチラ！

7.1 グラフをどの期間で見るか

この章では、グラフを読むときの注意をお話しします。それは、裏返せば、自分のデータをグラフ化するときの注意点でもあります。

図7－1に示すように、第二次安倍政権（2012年12月〜2020年8月）のもとでは、失業率は4％から2・4％まで下がり続け、有効求人倍率は1未満から1・6まで上がり続けました。2020年にどちらも反転しているのが気になりますが、新型コロナウイルスの影響でしょう。確かにこれは安倍政権の大きな実績です。

しかし、第二次安倍政権の前後を広く取って見てみましょう。2007年から2022年までの失業率（％）と有効求人倍率の推移は、図7－2のようになります。2008年9月にリーマンショックによって世界的に不況になりました。2009年の失業率は5％を超え、有効求人倍率は、戦後最低の0・5になっています。2011年から経済の回復が見られ、失業率は下がり始め、有効求人倍率は上がり始めたことが図から読みとれます。第二次安倍政権は、その失業率が下がり、有効求人倍率が上がるという傾向の途中で登場したわけです。単純に政権だけが失業

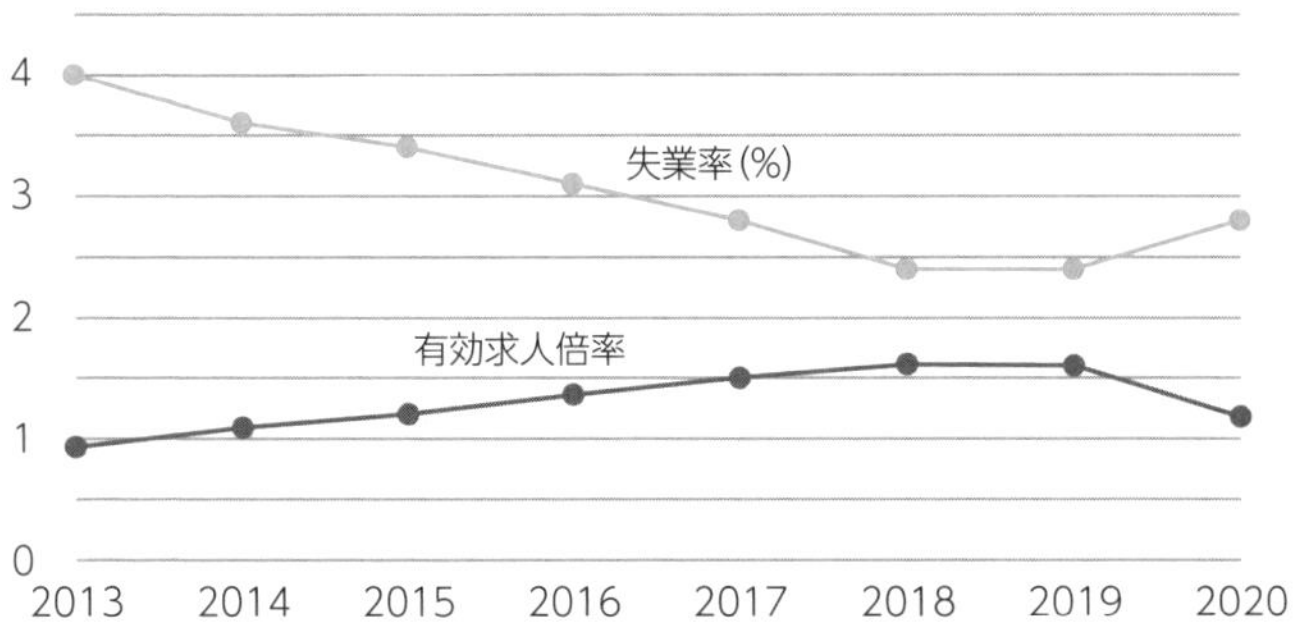

図 7-1　安倍政権下の失業率（%）、有効求人倍率の推移

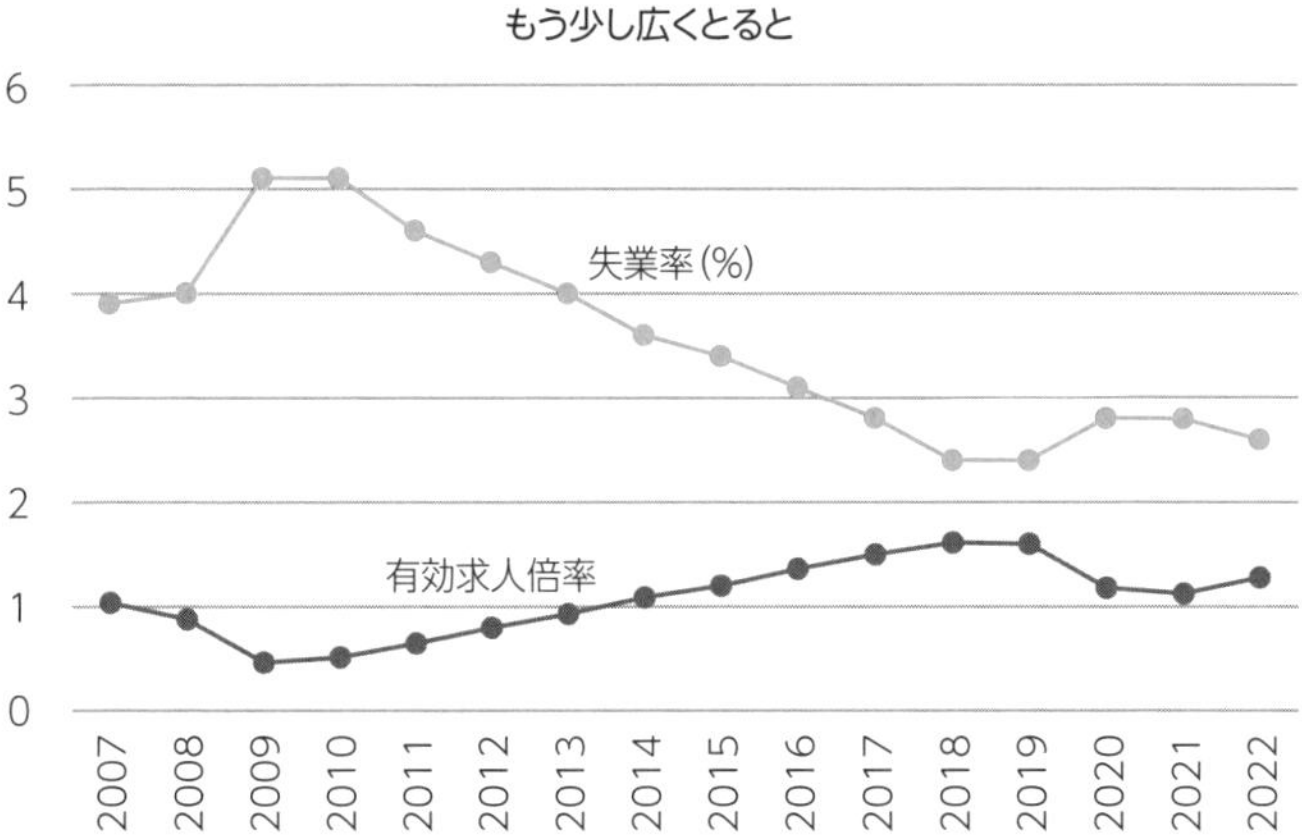

図 7-2　2007 年から 2022 年までの失業率（%）、有効求人倍率

率と有効求人倍率の変化の理由ではなさそうです。

　安倍政権の功績を否定するわけではありませんし、図７－１を見せられた記憶は私にはありません。しかし、一般論として、自分に都合の良い期間（部分）だけのグラフを見せるのは、グラフを使った誤魔化しとして最もよく使われる手です。その可能性があるグラフを見せられたときは、「その前後はどうなんだろう」と自問してみることをお勧めします。

地球温暖化に関する議論では、地球の温度変化をどの期間で考えるかで、温暖化警告論とそれに対する批判が分かれます。

7.2 グラフの種類と選びかた

ではここで、主なグラフの種類と、目的に合わせた選びかたを説明しましょう。

よく使われるグラフは、次の4種類です。

① 折れ線グラフ
② 棒グラフ
③ 円グラフ
④ 帯グラフ

このほかに、積み上げ棒グラフ、レーダーチャート、ヒートマップ、散布図などがあります。

図7－1の折れ線グラフを棒グラフで表すと、図7－3のようになります。

図７－１の折れ線グラフでは、失業率や有効求人倍率の変化が見てとれましたが、棒グラフでは棒の高さ、すなわち値の大きさが把握しやすくなります。

図７－３では、棒の色の意味を下に凡例として示しています。折れ線グラフでも、Ｅｘｃｅｌでは各線の意味を凡例で示すやり方になっています。しかしそれだと、読む人は凡例を介して間接的に線の意味を知る必要があります。そこで、図７－１と図７－２では、凡例を消して線の脇に「失業率（％）」「有効求人倍率」と示すようにしました。面倒ですが、こういう手間をかけることで見やすくなります。

折れ線グラフの横軸は、ふつう時間軸です。左を古く右を新しくします。図７－４のように逆にすると、誤って読みとられる恐れがあります。

棒グラフの場合は、時間のほか、第２章で学んだ名義尺

図 7-3　安倍政権下の失業率（%）、有効求人倍率の推移（棒グラフ）

度も使えます。例を図7－5に示します。日本の若者（13～29歳）の意識を外国と比較した調査結果から抽出しました。2018年の調査ですが、今でも傾向は変わらないでしょう。

折れ線グラフや棒グラフでは、人は無意識に横軸を原因、縦軸を結果ととる傾向があることに注意しましょう。例として図7－6に数学のテストの平均点数を横軸にクラス、縦軸に点数をとって棒グラフにしました。平均点数の高い4組と5組には何か成績が伸びる原因があるのではないかと考えてしまうかもしれません。しかし、4組と5組が理数系のクラスだったとしたら、横軸のクラスが原因ではなく、数学が得意であるという縦軸の点数が原因で横軸のクラスという結果になっているとも考えられます。

円グラフは、全体を構成する各部分の割合を表示するためによく使われます。図7－7に例を示します。割合が直感的

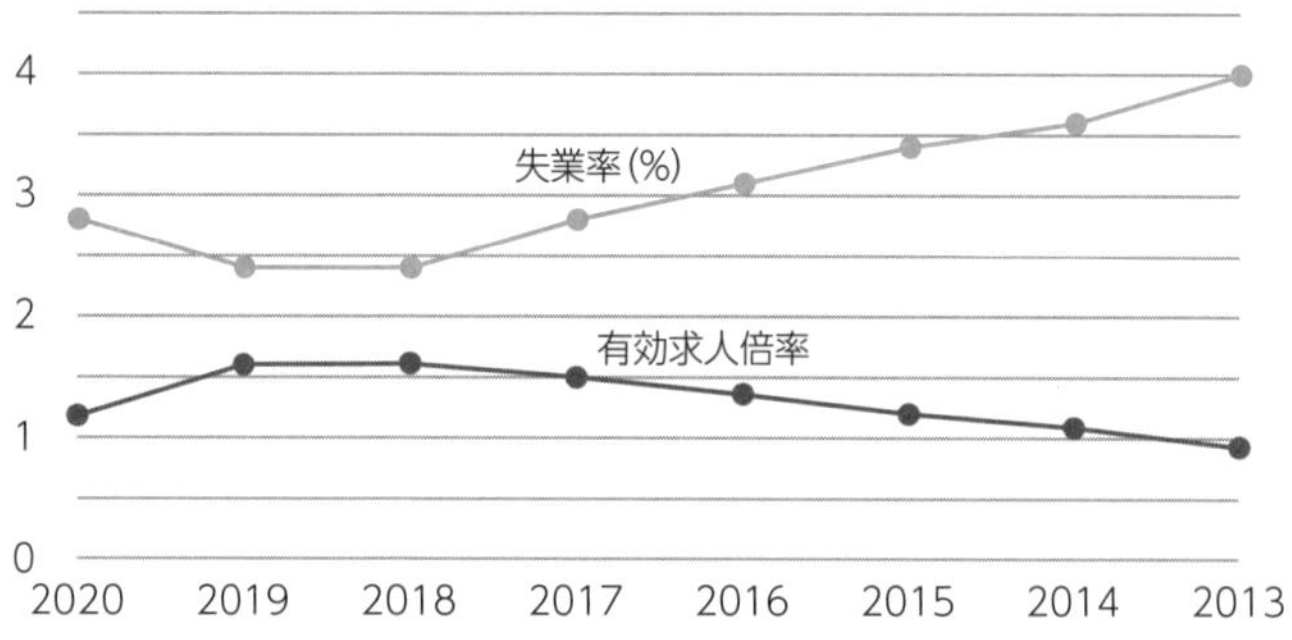

図 7-4　横軸が逆転した折れ線グラフの例

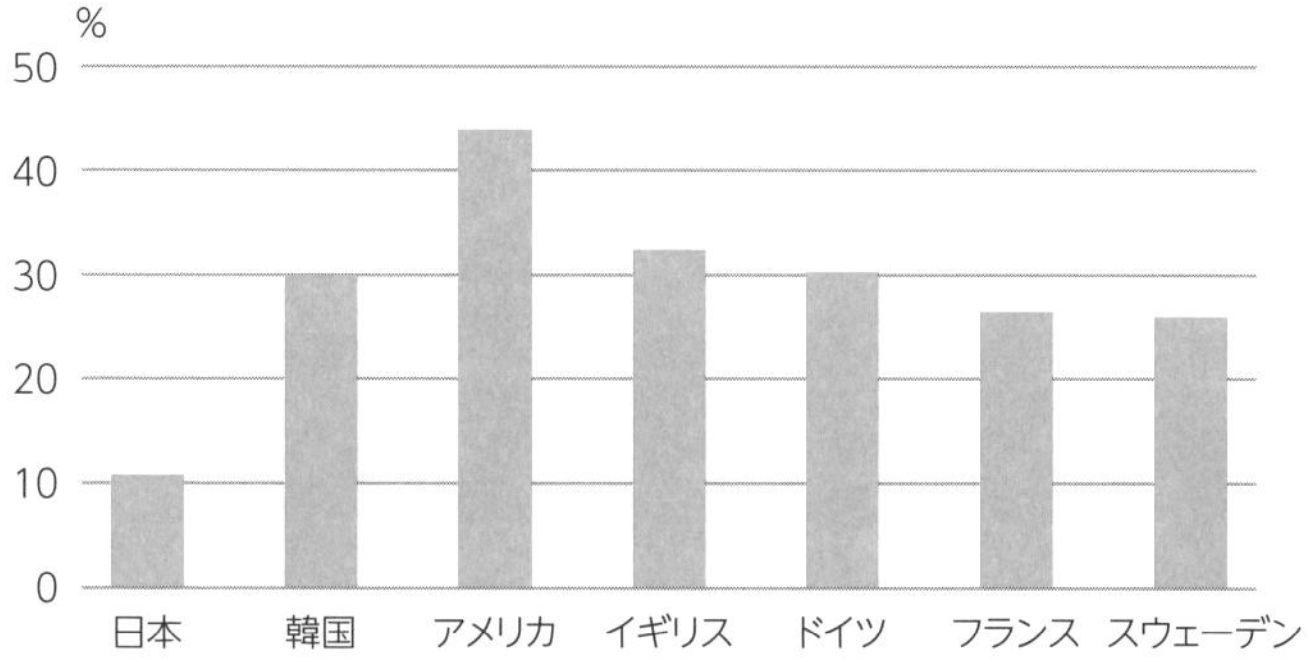

図 7-5　「社会をよりよくするために、私は社会における問題の解決に関与したい」に「はい」と答えた若者の割合
（内閣府：特集１　日本の若者意識の現状～国際比較からみえてくるもの～、2018 年）

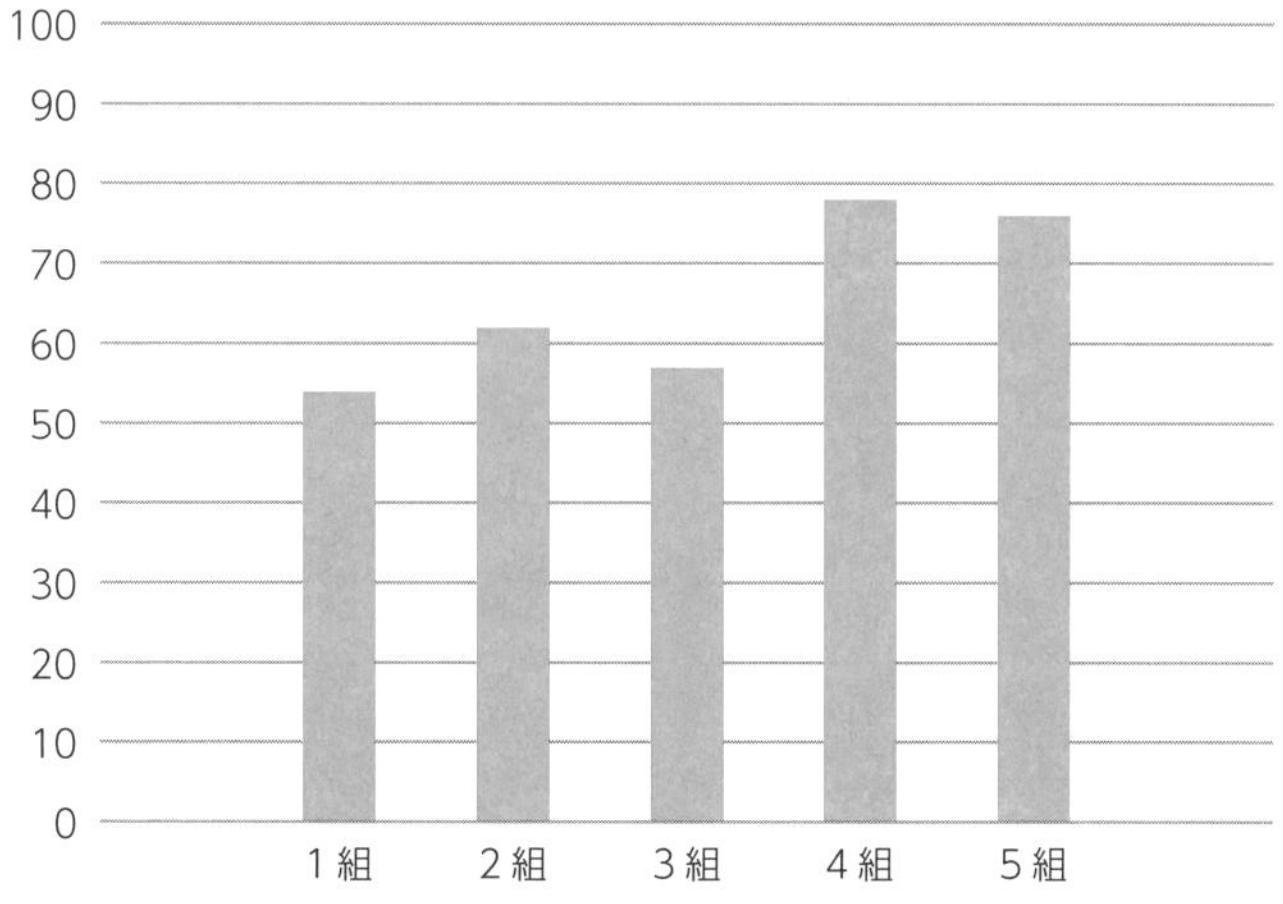

図 7-6　数学のテストの平均点数（例）

にさっと見てとれますし、かっこ良く見えるかもしれません。そのため、テレビや雑誌などで円グラフの形でまとめられているのをよく見ます。しかし、プロは円グラフをあまり使わないようです。たとえば、学術論文ではあまり見ません。理由はたぶん、割合を正確に読みとることが難しいからです。人間の視覚は、縦方向と横方向で見えかたがやや異なるためもあります。図7－7では、AとCは30％、BとEは15％です。それぞれ同じに見えますか？

円グラフに代わって、全体を構成する各部分の割合を表示するために使われるのが、帯グラフです。積み上げ横棒グラフの全体を100％として表した図です。図7

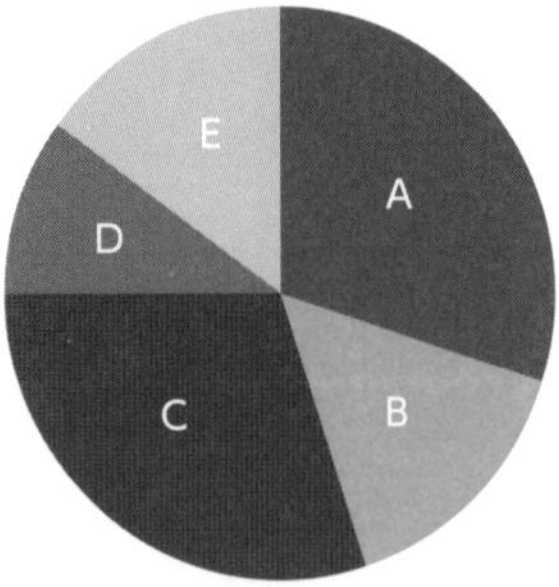

図 7-7　円グラフの例

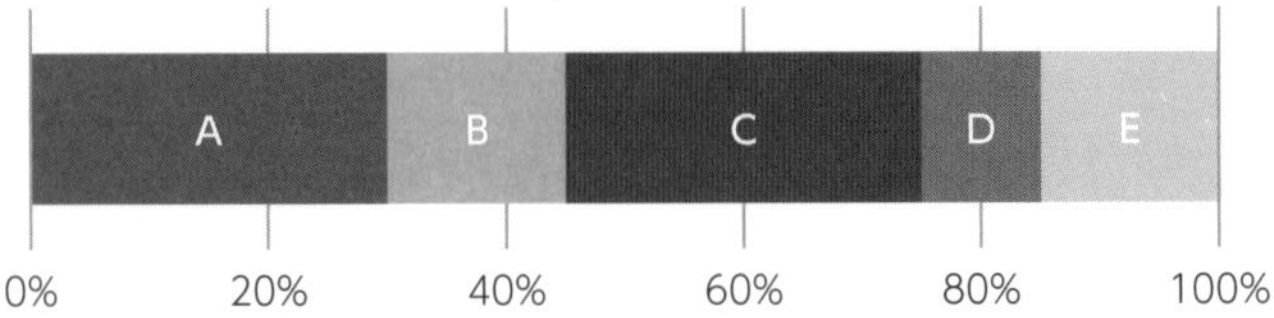

図 7-8　図 7-7 を帯グラフで表した図

－7を帯グラフで表したのが、図7－8です。図7－9のように、部分の割合をいくつか並べて表示したいときや、割合の変化を示したいときは、円グラフよりも帯グラフが適切です。この図は、インターネットの平日の利用時間の分布を、小学生・中学生・高校生について並べて表示したものです。勉強への利用も含みます。データが横に並んでいることで割合の読み取りが容易になり、縦に並べた際の比較もしやすくなりました。

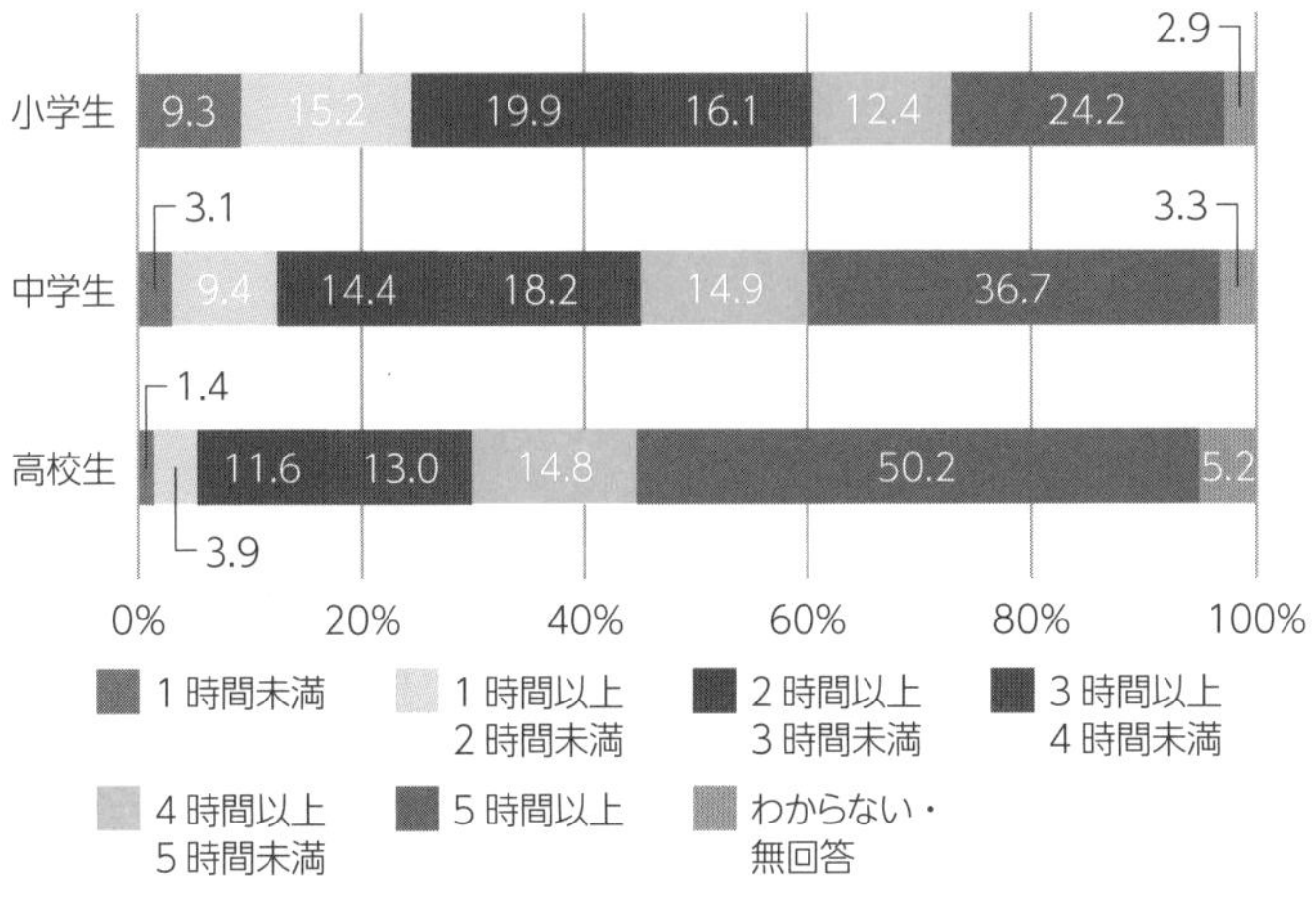

図7-9　インターネットの利用時間（平日の平均）
（令和4年度　青少年のインターネット利用環境実態調査結果より）

7.3 ひっかけグラフのいろいろ

意図的、あるいは意図しなくても見る人をひっかけるグラフの例を示します。いいところだけを強調するためや、悪いところを隠すためにプレゼンテーションの手法として紹介されることもありますが、誤解を招くようなグラフは作成しないようにすべきです。

ひっかけグラフ　その1　省略された縦軸

社長　3月にキャンペーンを始めてから、売り上げが増えている。このグラフ（図7－10（a））を見ろ。

社員　でも社長、このグラフは縦軸が0から始まっていません。0からのグラフにすると、図7－10（b）のようになります。

社長　これじゃ売り上げの増加が全然わからんじゃあないか。

社員　少なくとも、グラフの縦軸を0から始めないときには、図7－10（c）のように、そのことを明示すべきです。

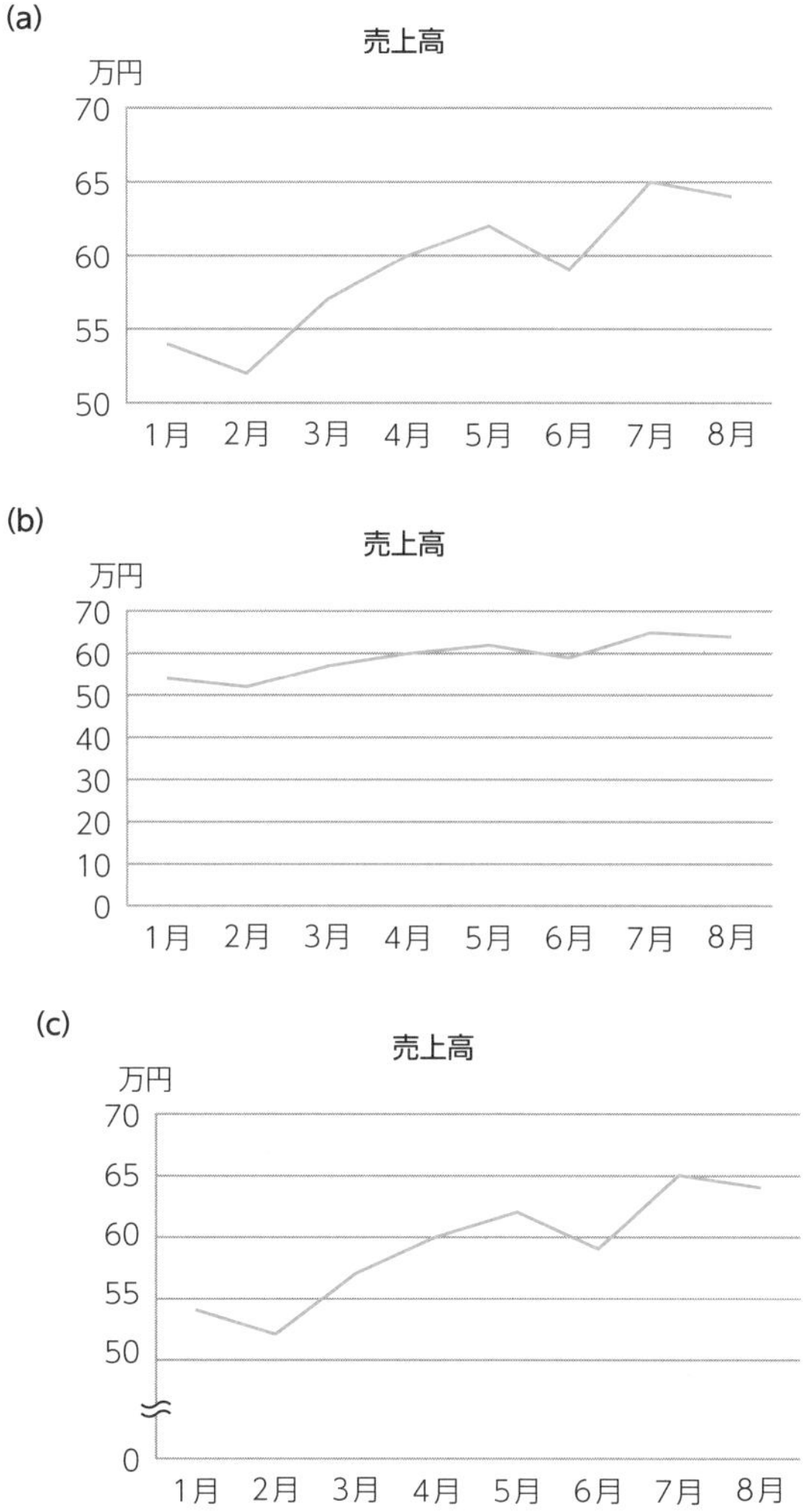

図 7-10　売上高の推移
（a）縦軸が省略されている。（b）縦軸を 0 から始めた。（c）縦軸が省略されていることを示す波線を入れた

図7－10（a）のグラフを見ると、社長の言うようにキャンペーンの効果は出て売り上げが上がっているという因果関係を直感的に考えてしまいます。一方、図7－10（b）のグラフを見ると、売り上げの増加はそれほど劇的ではないと冷静になることができますね。変化の量を見やすくして議論したいなら、図7－10（c）のように間が省略されていることを明示するという工夫もあります。グラフの形状だけに目がいってしまいがちですが、縦軸が省略されていないか注意しましょう。

なお、棒グラフは棒の長さで値を示しているので、縦軸は必ず0から始めます。

演習7・1

値の大きさに比べて変化が小さいデータは、縦軸を0から始めると、図7－10（b）のように変化を読みづらくなります。図7－10（c）のように、変化の範囲だけを縦軸にとり、0から始めていないことを明示するのが良いでしょう。そうすべきデータを左記の中から選んでください。

（1）2000年から2022年までのGDP
（2）2000年から2022年までの日本の人口

（3）1800年から2020年までの地球の二酸化炭素の濃度

解答

（1）と（2）が該当します。（1）は名目GDPで2000年から2022年でおよそ500兆円から560兆円の範囲で推移していて、図7－11のようにグラフの縦軸を0から始めてもある程度わかりますが、変化の範囲だけ表示しても良いでしょう。一方で（2）の人口は、およそ1・24億人から1・28億人の範囲で変化しており、図7－12（a）から読み取るのは困難です。（b）のように変化の範囲を取り出して表示しましょう。

（3）の二酸化炭素濃度は、1800年頃の値は300ppm前後で、近年は400ppm前後です。縦軸を0から始めても変化は読み取りやすいでしょう。

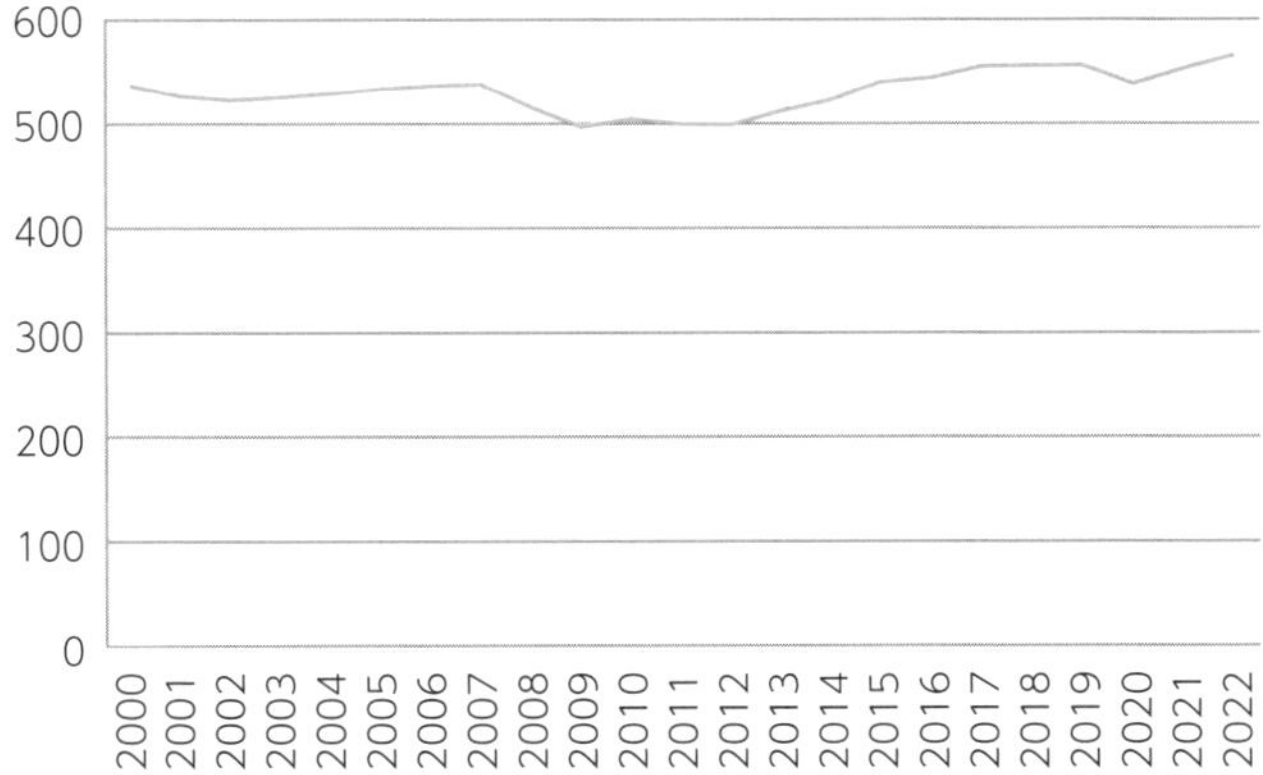

図 7-11　日本の名目 GDP の推移（内閣府より）

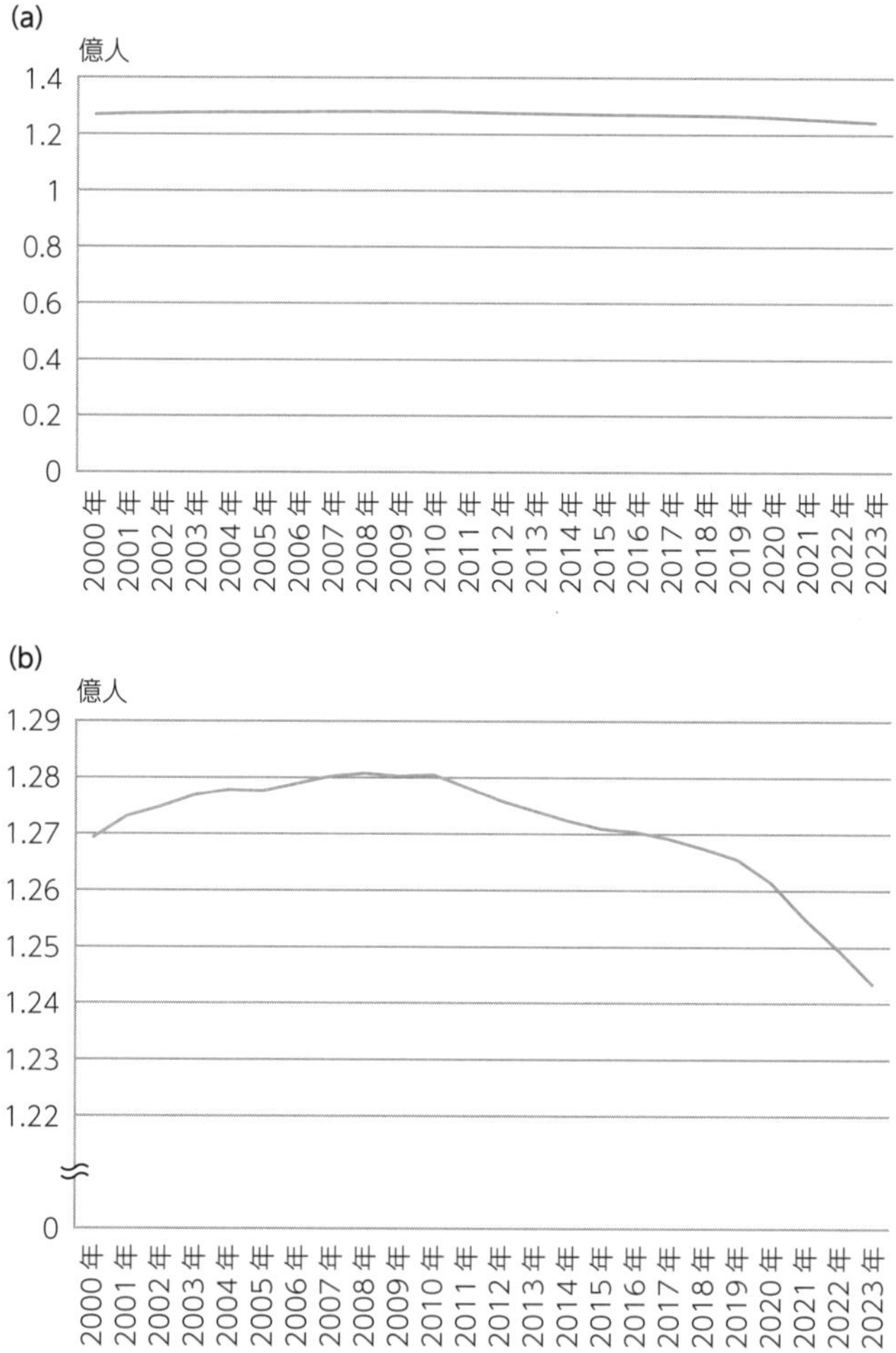

図 7-12　日本人口の推移
（出典：政府統計の総合窓口）

ひっかけグラフ　その2　2軸のグラフ

図7－13（a）に、ある商店の全店と本店だけの売り上げの推移が示してあります。問題は、本店の売り上げが右の縦軸で表されていることです。うっかりすると、これに気づかないで、本店の売り上げも左の縦軸で表されていると思ってしまうかもしれません。全店と本店の線が近くなっていることから、全店のうち、本店が占める売り上げの割合が多いという誤解を生む恐れもあります。

図7－13（b）では、左の軸だけで全店の売り上げも本店の売り上げも表示しました。（a）のようなうっかりミスも起きませんし、本店の売り上げが全体に占める割合もつかみやすくなっています。

(a)

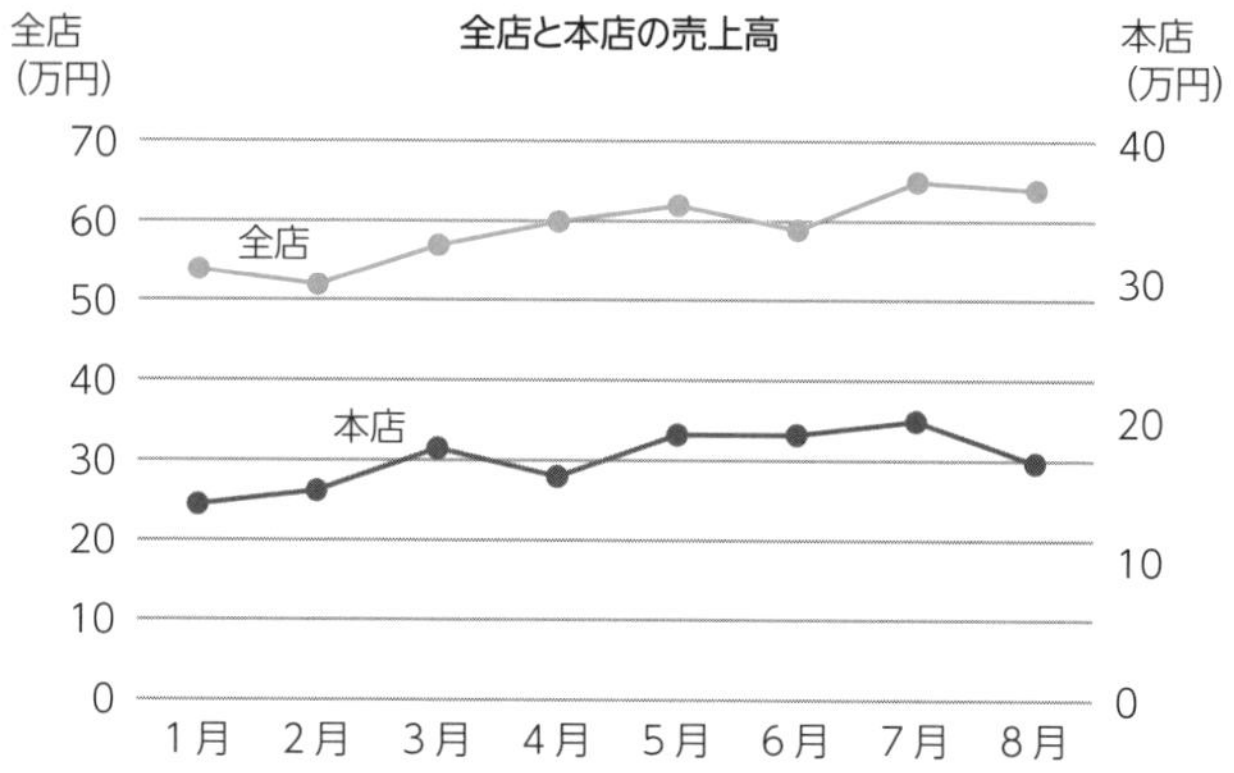

(b)

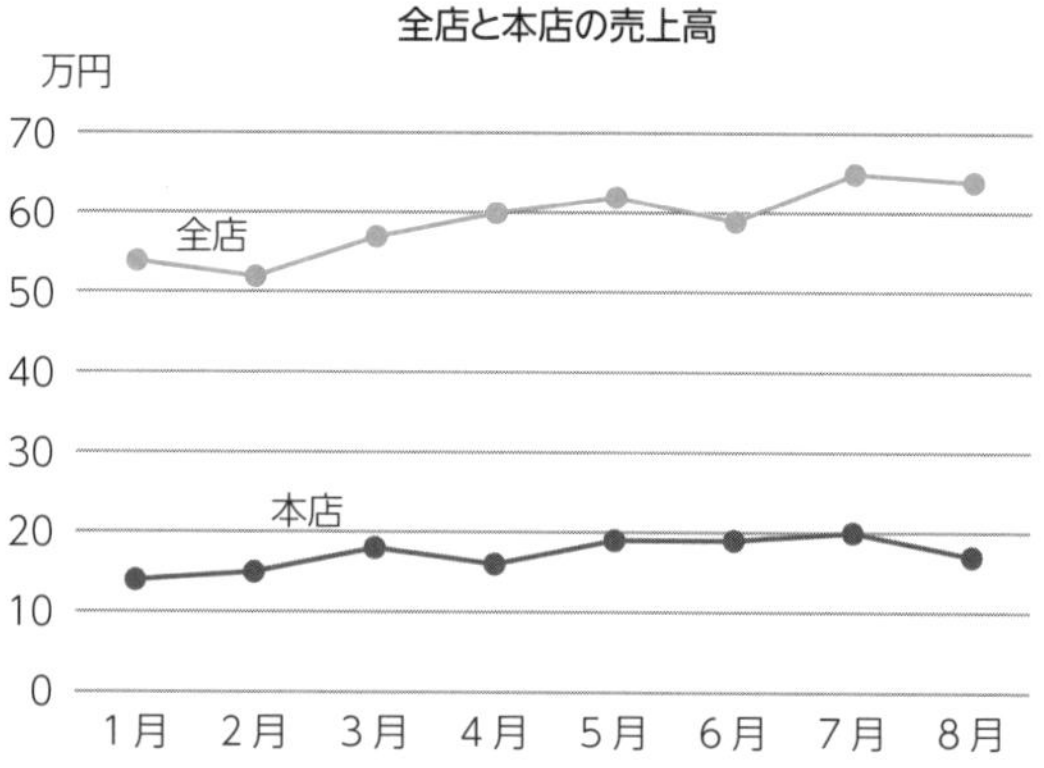

図 7-13　全店と本店の売上高の推移
(a) 2 軸で表現したグラフ　(b) 1 つの軸で表現したグラフ

ひっかけグラフ　その3　その他のグラフ

図7－14のように、横軸の区間の長さや間隔が一定でないグラフもときたま見かけますので、注意が必要です。このグラフでは、一見2021年の売り上げが高いように見えますが、よく見ると2021年は6ヶ月、2022年は3ヶ月のデータになっています。1ヶ月あたりの数字に直すと、どの期間もそれほど大きく変化していません。

マイクロソフトのExcelには、円グラフや棒グラフを3次元で表示する機能があります。図7－7の円グラフを3次元表示したのが図7－15です。

見たとおり、3次元的に手前にくるために、CがAよりもかなり大きく見えます。AとCは同じ30％で、BとEも15％で同じなのですが、とてもそうは見えません。

「多くの人が賛成している」「高い販売シェアを占めてい

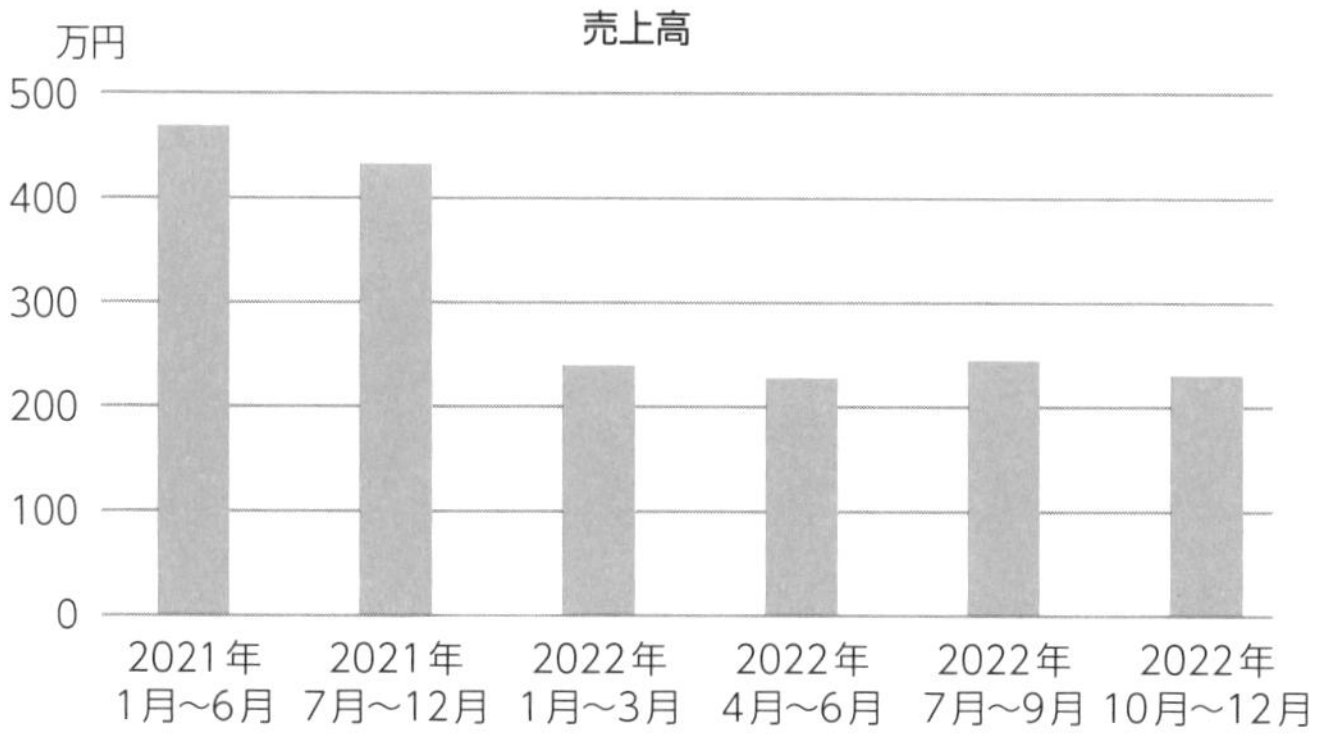

図7-14　横軸の区間の長さが一定でないグラフ

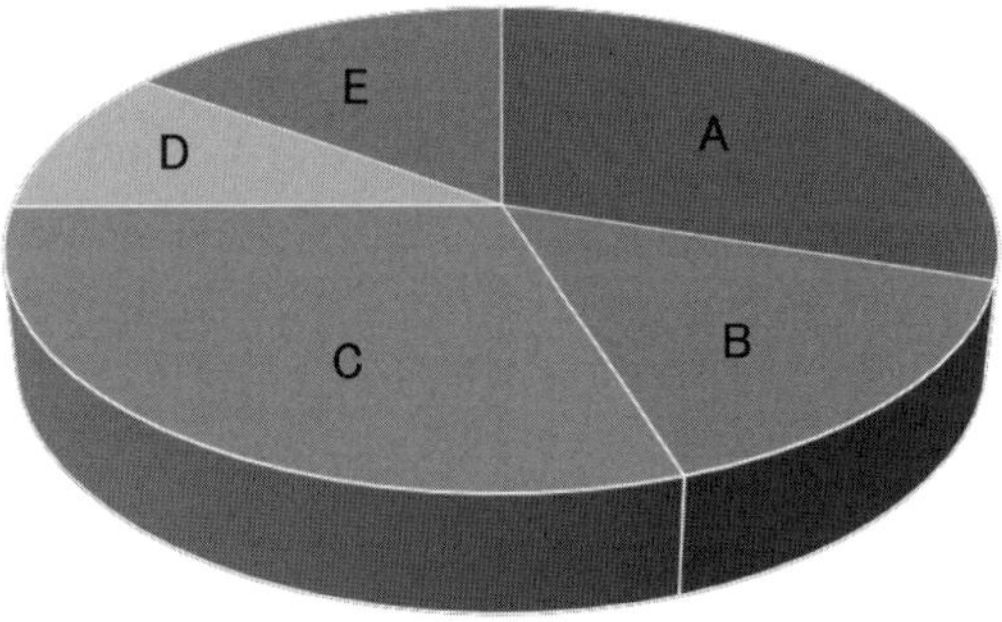

図 7-15　図 7-7 と同じデータの 3 次元円グラフ

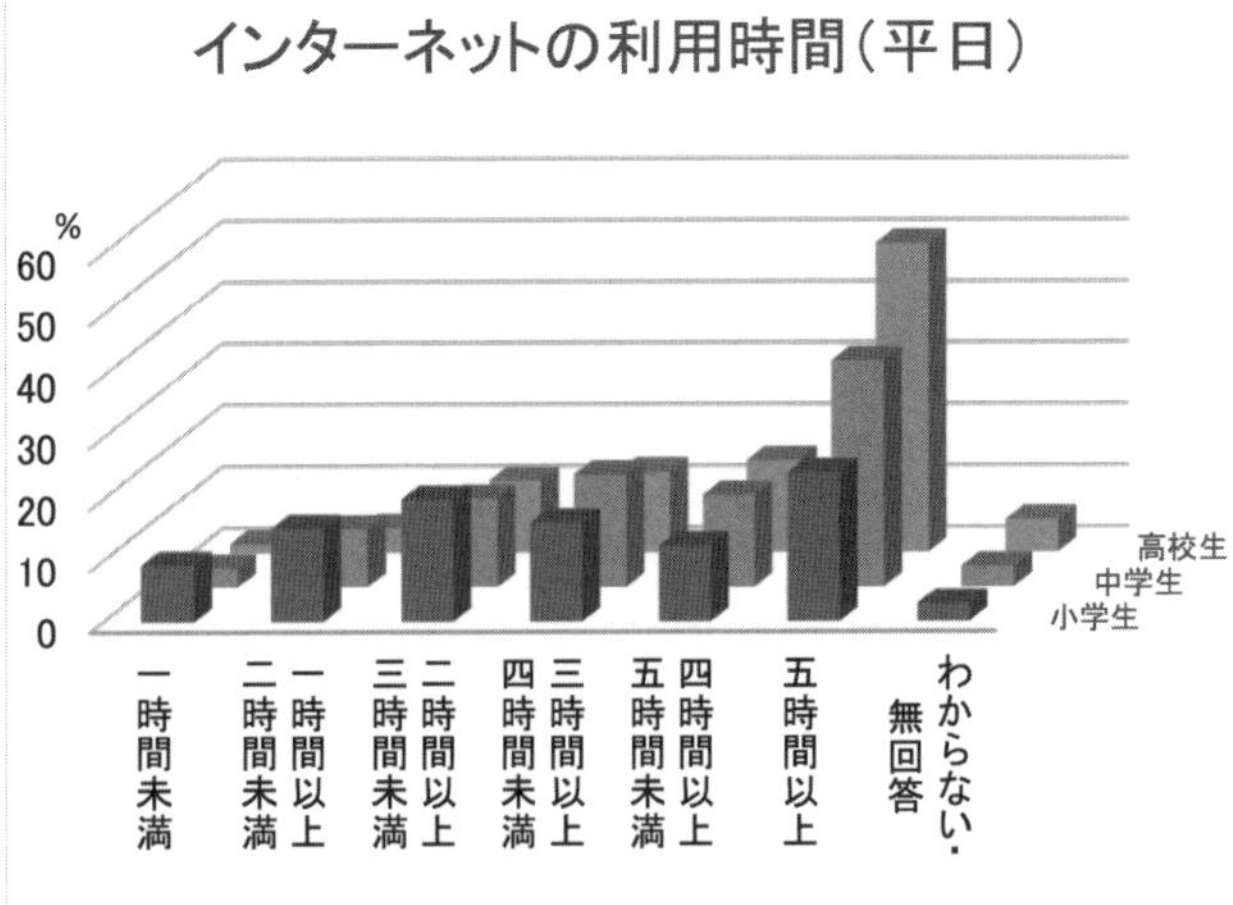

図 7-16　図 7-9 のデータの 3 次元棒グラフ表示

る」などの、割合を高く見せたいという意図で、大きく見せたいデータをCの位置に配置している可能性があります。

図7－9で示したインターネットの利用時間（平日）を3次元棒グラフで表したものが、図7－16です。後ろに隠れた棒の高さが読みとりにくいという問題があります。

マイクロソフト社Ｅｘｃｅｌのグラフ表示では、値を正確に伝えることよりも格好良さを優先する選択肢が用意されています。それには乗らないほうが良いと思います。

演習7・2

ここに挙げたタイプ以外のひっかけグラフがないか、いつも注意して見ていましょう。

解答

例えば、次のようなグラフがあります。

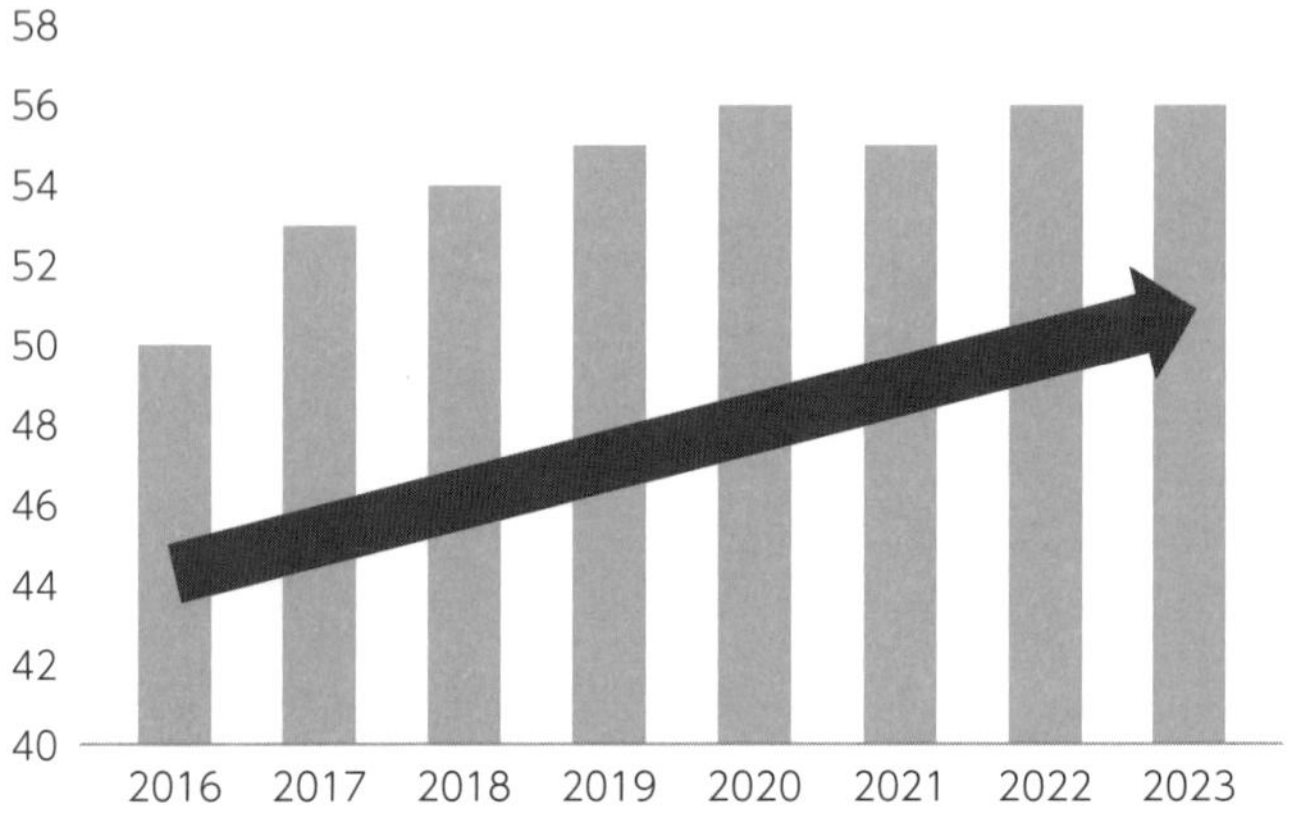

図 7-17　グラフ以外の要素でのごまかし
矢印があることで右肩上がりに増えているようにも見えますが、実際は 2020 年と 2023 年の数値は同じです。

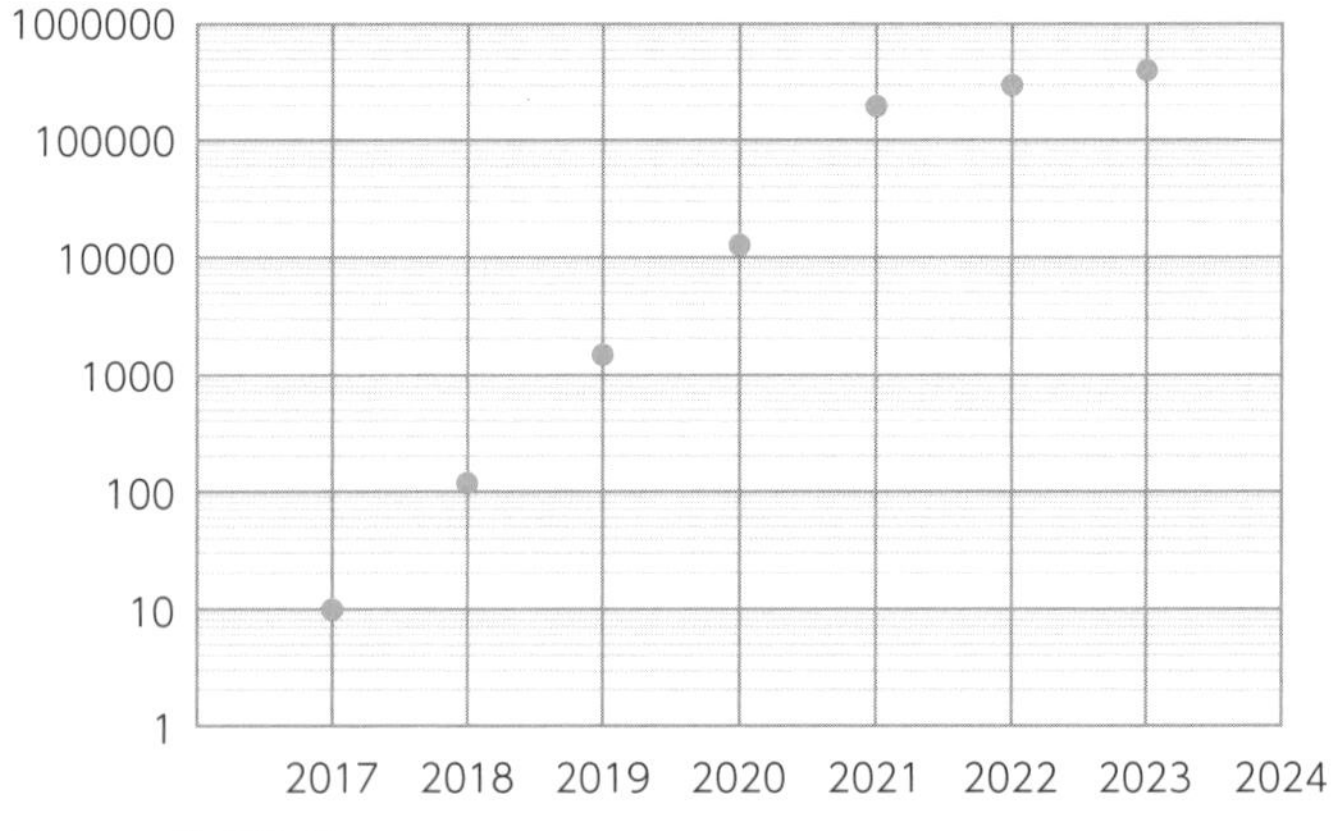

図 7-18　片対数グラフ
増加のペースがここ数年で緩やかになっているように見えますが、縦軸の幅が一定ではありません。2019 年から 2020 年はおよそ 1 万の増加ですが、2022 年から 2023 年は 10 万増加しています。これは片対数グラフと呼ばれ、数値が劇的に変化したり様々なオーダーが出てくる際に使われます。そのためひっかける意図がなくても使われますが、読み間違えないように注意が必要です。

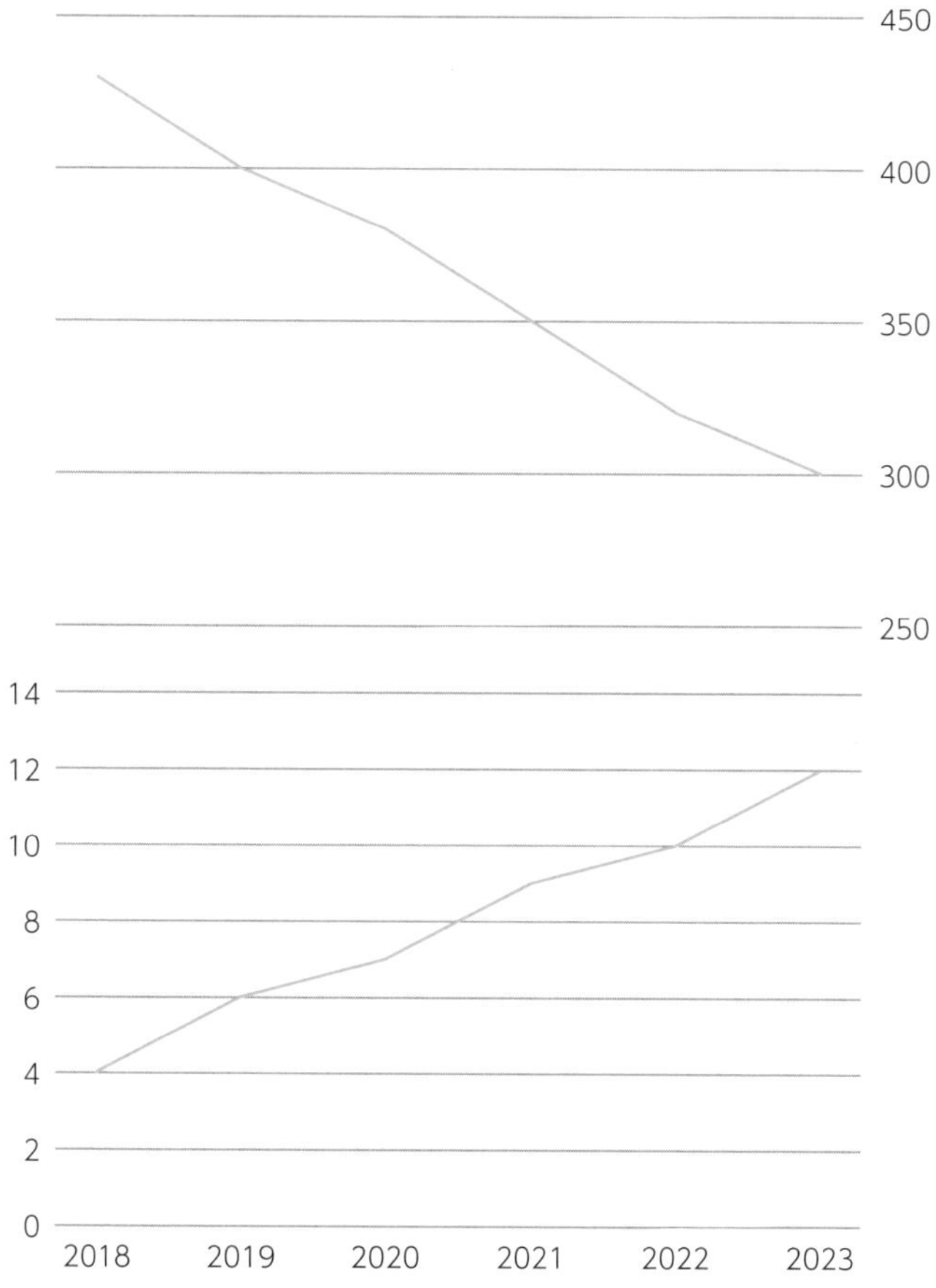

図 7-19　軸の異なるグラフを並べる
一見すると差が急激に詰まっているように見えますが、これは軸の違うグラフを縦に 2 つ並べたものです。

このように、ひっかけグラフのさまざまな手口がありますから、国会中継やテレビのニュースで、グラフをちらりと見せるのには注意しましょう。グラフを示すと印象が強いので最近はよく用いられるのですが、そのグラフをきちんと検討する時間は与えられないのが普通です。

第7章のまとめ

- データを表示してある期間に注意しましょう。その前後はどうなっているのでしょうか?
- よく使われるグラフは、①折れ線グラフ、②棒グラフ、③円グラフ、④帯グラフの4種類です。それぞれの特徴にしたがって使い分けましょう。
- ひっかけグラフのいくつかのタイプを挙げました。あなたがそういうグラフを作らないように気をつけましょう。
- 3次元の円グラフや棒グラフは使わないようにしましょう。

章扉の解説

業績が大きく成長しているように見せるために下側部分が省略されています。さらに、3Dグラフによって最近のデータが大きく表示されて、業績が実際よりも伸びているように見えます。縦軸の0を省略せず、平面に描くと次の参考図のようになります。

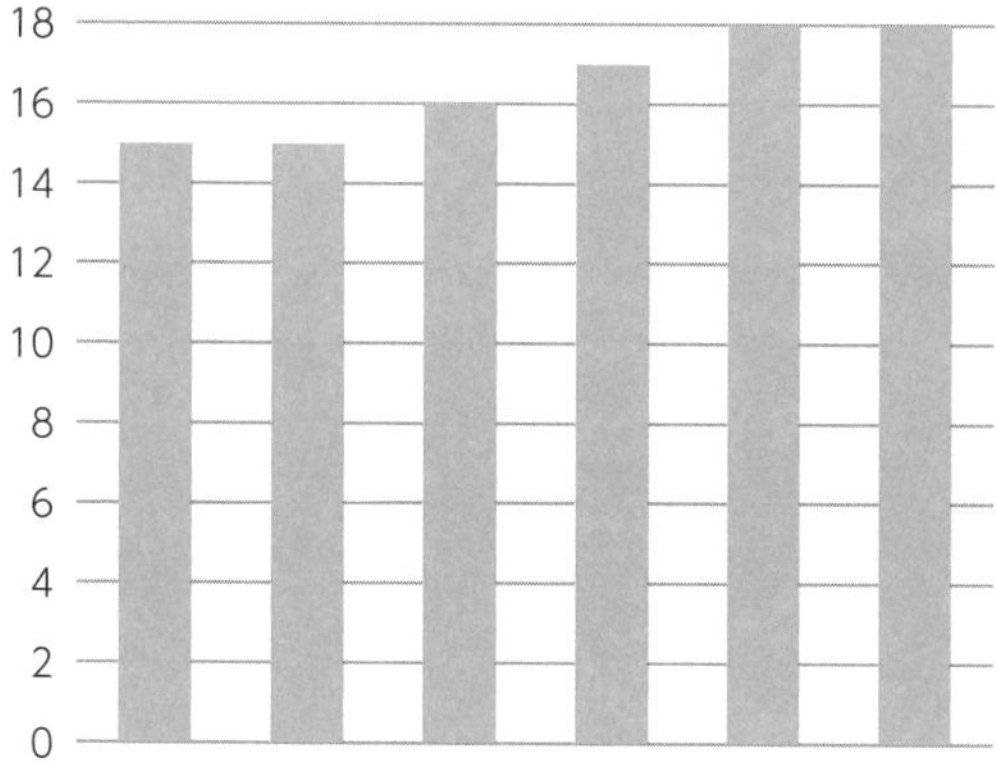

参考図　章扉のグラフを修正したもの

第8章

データリテラシーを身につけるために
——データ社会の処世術

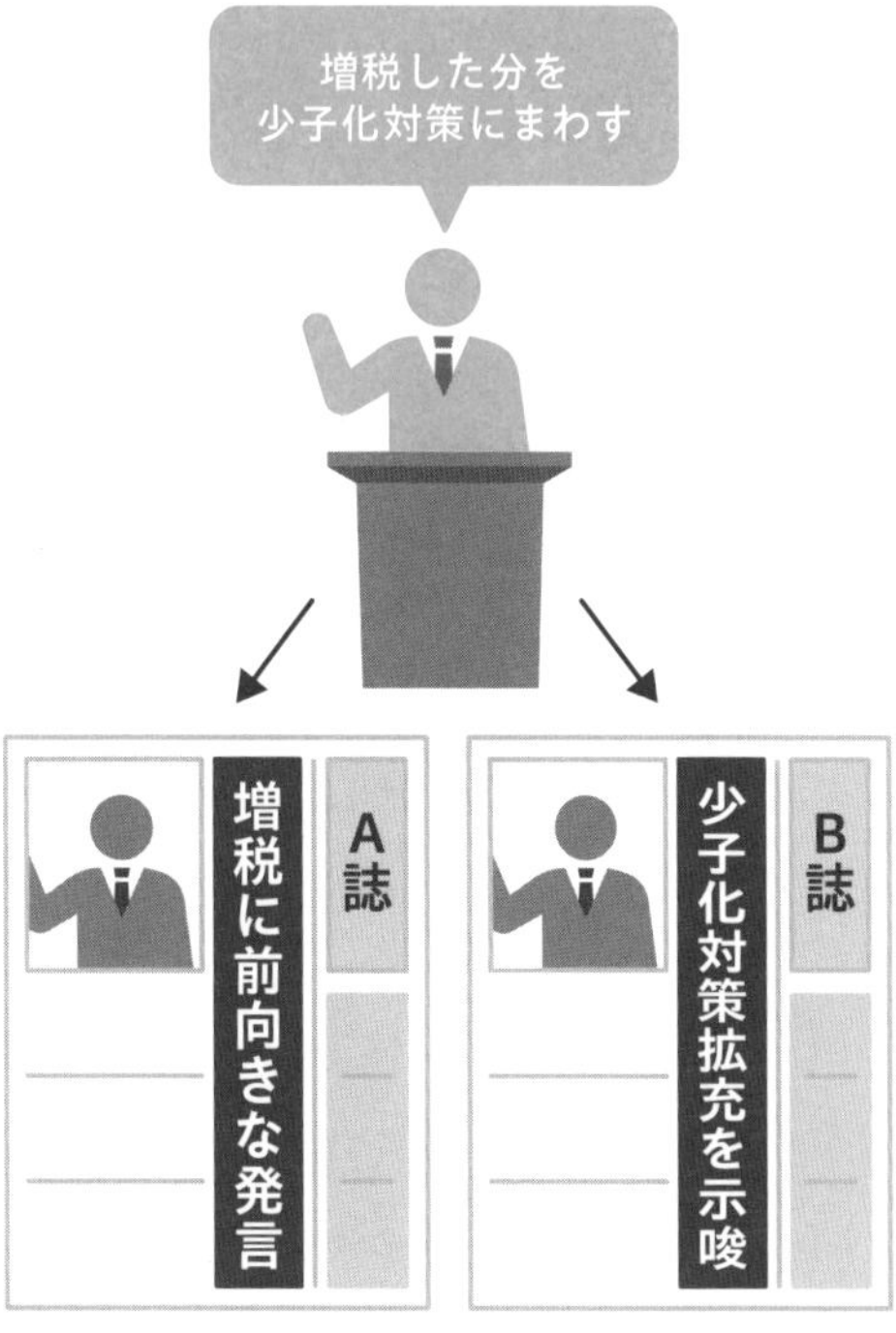

増税した分を
少子化対策にまわす
A誌
増税に前向きな発言
B誌
少子化対策拡充を示唆

8.1 メディアリテラシー マスコミ vs. ネットニュース

データリテラシーの一環として、メディアリテラシー、つまりメディアを正しく読みとる力について考えましょう。今のメディアは大きく2つに分かれます。新聞・雑誌、テレビ・ラジオなどの従来のマスコミと、ウェブ・ページやSNS（Line、Twitter：現X、Facebookなど）のインターネット上のメディアです。

マスコミは偏っているか

「新聞・雑誌・テレビの報道は偏っているから、インターネットの情報しか信用しない」と言う人がいます。そもそも、あらゆる報道（事実の提示）は報道する側の選択によって偏っています。たとえば、あるニュースの写真とか映像を考えてみましょう。写真も映像もフレーム（枠）で切り取られています。フレームの外に何が写っているかはわかりません。泣いている人のクローズアップの枠外には、笑っている人たちが居るかもしれません。

新聞に掲載された写真、テレビで流された映像の背後には、その何倍、何十倍もの写真・映像が撮られているはずです。新聞社やテレビ局の人たちがその中から載せる写真、放送する映像を選び出しています。さらに、限られた紙面や放送時間のなかで、どれをニュースとして採りあげるかにも、選別がはたらいています。

ニュースは選択された事実

ニュースとして示される写真や映像は、確かに事実です。文章で書いた記事やアナウンサーによる読み上げには、すでに記者や編集者の主観が入りますが、写真や映像はごまかしようのない事実だと受けとってよいでしょう。しかし、先ほど述べたように、それは数多くある事実のから選択されたごく一部でしかないのです。そういう意味で、あらゆる事実の提示は偏っていると言えます。

新聞社やテレビ局は、どういう事柄をニュースとして採りあげるか、それをどのように報道するかについて、それぞれの社の考えかたを持っていますから、その意味で「偏っている」と言えば、そのとおりです。よく「たまには2つ以上の新聞を読み比べてみなさい」と言われるのは、その偏りに気づくためです。

さらに、新聞やテレビを通じたマスコミ全体にも偏りがあります。彼らはニュースで飯を食っているのです。マスコミは基本的に、正常なことや変わらないことは、いくら重要であっても報道しません。異常なことや新しいことは飛びついてニュースにします。食材や水道水で基準値を越える値が出たことは大きく報道されますが、すぐ正常に戻って落ちついたことは報道されにくいのです。アメリカでは、「犬が人を噛んでもニュースにならないが、人が犬を噛めばニュースになる」とよく言われます。

現実世界は複雑で多面的ですが、それをそのまま報道することはありません。**マスコミは複雑で多面的な現実を、ある視点で切り取って報道します。**読者や視聴者も、そのほうがわかりやすいので歓迎するのです。新聞やテレビの報道の背後にどのような現実が広がっているか考えてみることは、良い訓練になります。そういった背後を調べる上でインターネットは大きな助けになります。

演習8・1

複雑で多面的な現実を、ある視点で切り取って報道している例を挙げなさい。たとえば、北朝鮮との関係を、拉致被害者の問題に絞って報道するとか。

解答

プラスチックに関する環境問題では、レジ袋がよく取り上げられ、2020年7月に有料化する際には頻繁に報道されました。総務省のレジ袋有料化についてのページ（https://www.soumu.go.jp/kouchoi/substance/chosei/rejibukuro.html）によると、日本から排出される廃プラスチックのうちレジ袋が占める割合は2％程度に過ぎません。有料化は収入よりもそれをきっかけとしたレジ袋以外も含めた使い捨てプラスチックの削減を目的として挙げていますが、そういった背景はなかなか報道で見ることはできません。

インターネットから偏りなく事実を取り出せるか

マスコミは偏っているから、インターネットしか信用しないという人のほうを考えてみましょう。

インターネット上のさまざまな情報から偏りのない見かたをしようとすることは、マスコミ情報よりもはるかに大変です。一つには、次に述べるように、マスコミは広くカバーしようとするのに対し、インターネット情報は狭い話題を深堀りする傾向があるからです。

また、エコーチェンバー現象が生じるからでもあります。エコーチェンバー現象とは、小さな部屋で自分が出した声が壁で何度もはねかえってくる様子にたとえたものです。人は自分の意見に合ったニュースや投稿を好んで見る傾向があります。近年ではAIによって過去の閲覧履歴を反映してそういう投稿やページが優先的に表示されます。このようにフィルターにかけられて図8－1のように都合の良い情報という泡の中に閉じこめられたようになっている状況をフィルターバブルと呼びます。インターネット上の情報を偏りなく取り出すことは難しいことを頭に入れておく必要があります。

インターネットには誰でもが発信できますから、そこにある情報は事実かどうかさえも明ら

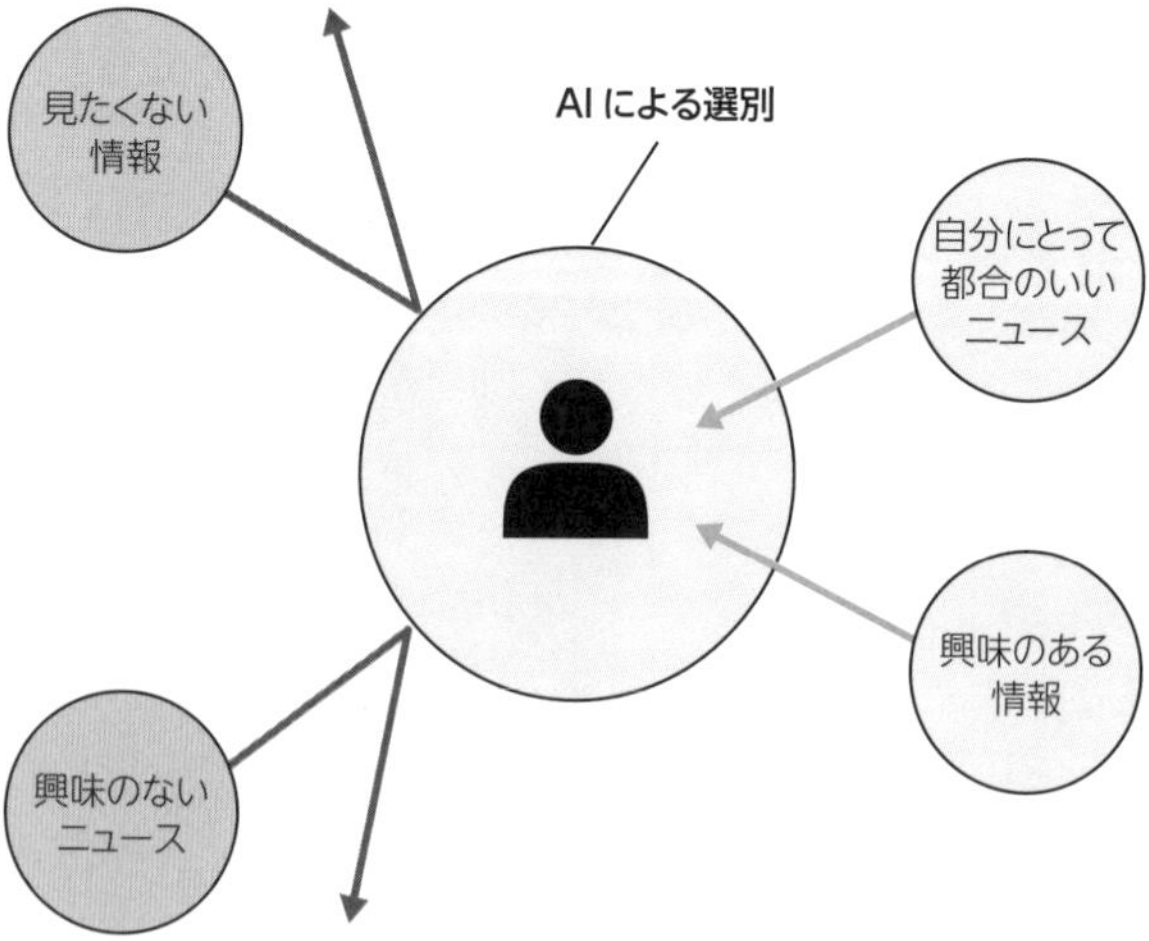

図8-1　フィルターバブルの様子

かではありません（次の節を参照）。新聞やテレビの報道がもつ次の特長を、インターネット上の情報はもっていません。

（1）政治、経済、国際、文化、スポーツ、社会を網羅している（特に新聞）

（2）事実である

（3）複数の人が目を通している

（4）重要性の評価がなされている

重要なニュースは、一面のトップにもってきたり、テレビ・ニュースの最初に報道されたりします。重要度の低い事柄は採りあげることすらされません。これにたいして、インターネットでは、重要度だけなくアクセス頻度も考慮されます。芸能界やスポーツのニュースが上位に来るのはその表れです。

新聞やＮＨＫテレビは有料です。これが無料なことが多いネットニュースで済まそうとする理由の一つになっています。しかし、新聞の持つ（1）の特徴は、今のところインターネットでは実現されていません。ですから、新聞の見出しにざっと目を通すことはネットニュースの欠点を補うのに有効です。

マスコミよりもネットニュースに頼る人が増えている理由について、岡嶋裕史は面白い見かたをしています（『インターネットというリアル』、ミネルヴァ書房、２０２１）。社会が共通してもっていた「大きな物語」を失って、個人の権利と自由が大きくなったからだ、といいます。マスコミは多くの人に共通の情報を提供しますが、ネット上の自分に合った情報だけを取りいれて、居心地よく暮らしたい人が増えているのです。

そのため、今インターネットは、広いネット空間の中に無数のトライブ（種族、仲間）が、互いに関わりなく浮かんでいる状態だとたとえています。

8.2 信用できる情報源とは——偽・誤情報にひっかからないために

インターネット上には、事実・真実でない偽・誤情報（フェイクニュース）があふれています。出版不況のため、本の形で出される偽・誤情報も増えています。

学会や情報教育の世界では、フェイクニュースという言葉を使わないほうがよい、とされています。理由は、

問題のある情報をひとくくりにしてフェイクニュースと呼ぶと、対処策が立てにくい

フェイクニュースに似た言葉として、デマ、陰謀論、ゴシップ、プロパガンダなどがあります。これらの言葉の特徴はそれぞれ異なっているにも関わらずフェイクニュースという言葉でくくってしまうと、原因や問題点が見えにくくなってしまいます。

フェイクニュースというレッテル貼りが政治的な意図で使われている

自分に批判的な報道や不利益のある報道を、それが事実であるにも関わらず「それはフェイクニュースだ」と主張するケースがあります。その主張を聞いて「世の中にはフェイクニュースがたくさんあるのだからこれもそのひとつか」というように思ってしまう危険性があります。

総務省は、「ニセ・誤情報に騙されないために」というウェブページ（https://www.soumu.go.jp/use_the_internet_wisely/special/nisegojouhou/）を作って啓蒙に乗り出しています。それとも重複しますが、偽・誤情報に引っかからないための、いくつかの注意事項を述べます。

一次情報に当たる

一次情報とは、最初に発生した、言いかえれば源となった情報です。個人が直接体験したこ

と、学術的な発表や調査結果、公的な機関がまとめた資料などは一次情報にあたります。一次情報を引用したり、編集したりした情報を二次情報といいます。たとえば、他の人の体験を見聞きした内容とか、一次情報を引用・要約したり編集したりした内容は、二次情報です。三次情報というのもありますが、それも含めて、一次情報以外はすべて二次情報と呼ぶことにします。一次情報の趣旨とは異なる要約がなされている場合や、都合のいい情報だけを切り抜いて二次情報にまとめている場合もあります。簡単に一次情報に当たることができるときには、一次情報を確かめるべきです。もっとも、一次情報よりは、信頼できる二次情報に当たるほうが良いという意見もあります。

出どころが記されていない情報は、基本的に信頼できない情報として無視するほうがよいでしょう。おそらく二次情報で、元になる一次情報を確かめることもできません（一次情報にあたるものがないかもしれません）。

複数の情報源にあたる

インターネット情報の場合は特に、一つの情報だけでなく、複数の情報で確かめる必要があります。インターネットの中だけだと、複数の情報があるといっても、出どころは一つということがありますから、ネットニュース・テレビ・新聞でも確認すべきです。

２０１６年の熊本地震のときに、「動物園のライオンが逃げ出した」という画像のついたデマがインターネットに流れました。もしそれが本当ならば、ネットニュースやテレビ、新聞でも取りあげられているはずです。災害のときには、冷静さを失って、デマ情報に踊らされがちです。一呼吸おいて、他のメディアをチェックするようにしましょう。他のメディアをチェックするのは、メディアになりすました投稿でないか確認する方法としても有効です。熊本地震の際には「本当にライオンが脱走したのか」というような電話が動物園に殺到しました。その後、デマの投稿者は動物園の業務を妨害したとして逮捕されました（のちに不起訴）。特に、これは大事な情報だと、すぐに再転送したりすると、あなたが偽・誤情報を広げる一役をかってしまいます。よく広まる偽情報を作る秘訣は、８、９割の本当のことの中に、人目を引くフェイク（嘘）を１つか２つ入れるのだそうです。

本にもデマ情報がある

出版不況によって倒産する出版社が続出するだろうと言われています。そのため、通説に反していて人を驚かす説とか、科学的な根拠のない個人的見解を「売り」にした本が出回っています。その種の「儲かりさえすればいい」という本は、心ある人びとからトンデモ本と呼ばれています。しかし、買う人が一定数いて、「何（十）万部売れました」などと宣伝しています。それも偽情報かもしれませんが。

トンデモ本には、きわだった特徴が一つあります。たとえば「イギリスのノーベル賞受賞者×××がこう書いている」などと引用して、権威づけをしています。しかし、引用元の文献が示されていません。本当にそう書かれているのか、確かめようがないのです。

トンデモ本の著者が大学の先生や医者であっても、参照・引用の基本ルールが守られていないときは、眉に唾をつけるほうがよいでしょう。新型コロナワクチンに関するトンデモ本や偽・誤情報については、宮坂昌之が詳細かつ適切に批判しています（『新型コロナワクチン　本当の「真実」』、第7章、講談社現代新書、２０２１／『新型コロナの不安に答える』、第8章、講談社現代新書、２０２２）。

ことばの定義があいまいであったり、間違っていたりするのも、偽・誤情報の特徴です。

演習8・2

ある大学は、500人の大教室での講義を10本、10人での少人数ゼミを50本開講しています

（簡単化しています）。そこで、8割以上の授業は少人数で開講していると宣伝しています。学生は、大教室での講義を6本、少人数ゼミを2本取らなければならないとすると、授業あたりの平均の学生数はどれくらいでしょうか？

解答

授業あたりの平均の学生数は（500×6＋10×2）／8＝377・5人となります。授業は合わせて60本で、そのうち50本は少人数のゼミなので、たしかに8割以上（およそ83％）は少人数の授業ですが、実際に受ける8本の授業のうち6本は大人数での授業になります。宣伝と現実はだいぶ違いますね。

事実の集まりから、真実を見つける

マスコミから情報を得るにしても、インターネットから事実であることを確認して情報を得るとしても、それらは結局、事実の集まりでしかないわけです。大事なことは、それらの事実の集まりから、真実を見つけることです。

たとえば、ある企業の役員が贈賄したという疑惑があるとします。その企業の広報部に記者が確認したところ、聞いていないと答えました。贈賄したとしたら、ごく一部の役員が隠密裏に行うはずで、会社として周知の事実ではあり得ません。広報部が聞いていないというのはおそらく本当なのでしょう。これだけでは疑惑が事実かどうかわかりません。記者や私たちは、他のさまざまな事実と組み合わせて、真実か否かに迫っていくわけです。

8.3 データを関連づける

これまではひとつのデータの見方を中心に説明してきましたが、複数のデータを関連づけると見えてくるものがあります。いくつかの例を見ていきましょう。

国の歳出を増やせばGDPも増えるのか?

GDPを増やすには、国の予算(歳出)を増やして金をばらまけばよい。世の中の景気が良くなってGDPが増える。本当にそうでしょうか? 確かめるために、歳出とGDPの動きを比較しましょう。

国の予算と言っても、一般会計以外にさまざまな歳出がありますし、地方公共団体の歳出もあります。ここでは国の一般会計歳出額だけを考えます。図８－２に、２０００年から２０２２年までの一般会計の歳出とＧＤＰの推移を示しました。

　これを見ると、２０１２年あたりから歳出額をしだいに増やしていて、それに伴ってＧＤＰも増加しています。しかし、２０００年から２００８年は歳出額が少ないにもかかわらず、ＧＤＰは２０１４年頃の値を保っています。２００９年からのＧＤＰの落ちこみは、リーマンショックによる世界不況のせいでしょう。

　結局、ＧＤＰの増減は世界経済の影響もあるので、国の予算を増やせばＧＤＰが増えるかどうかは、単純には言えないようです。

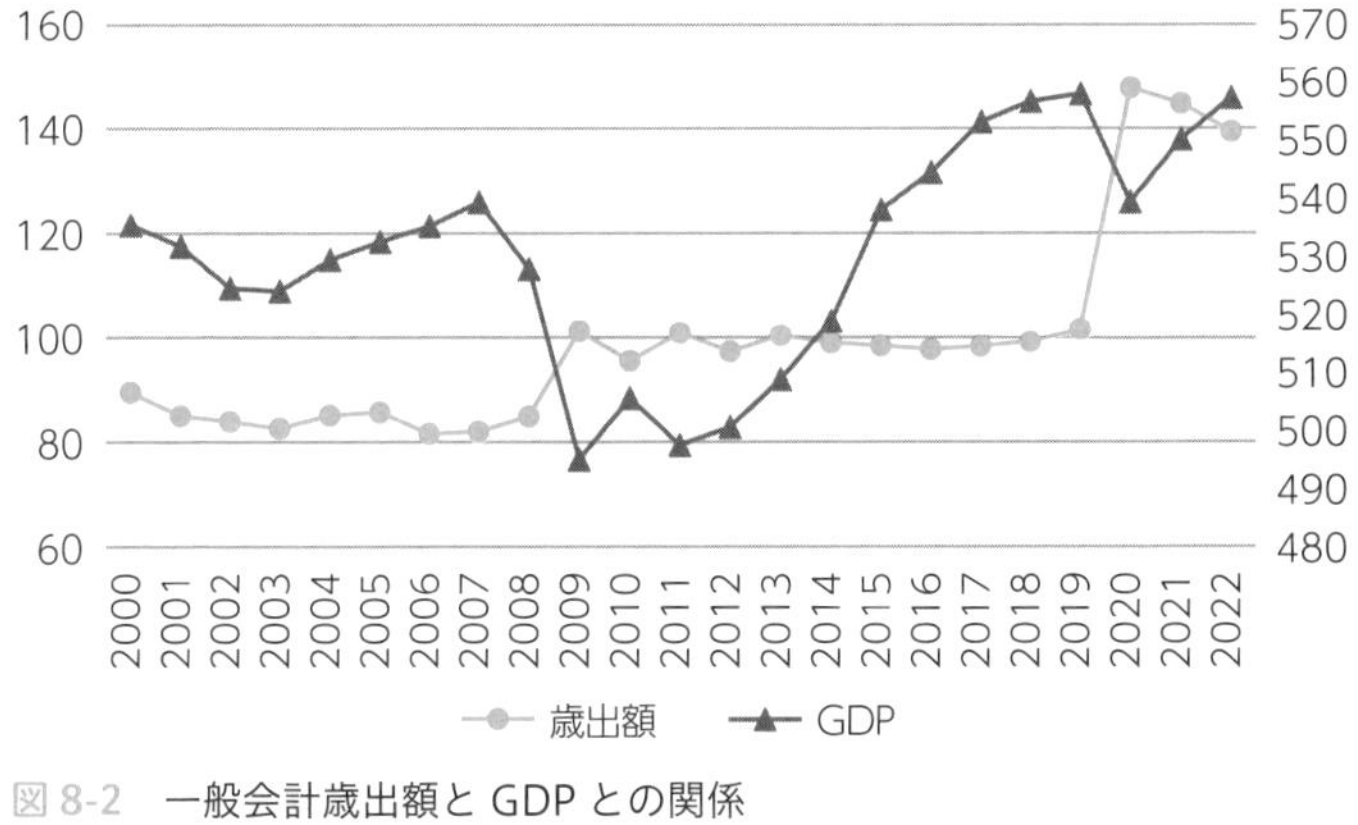

図 8-2　一般会計歳出額と GDP との関係

長時間のゲームやスマホ使用は成績を下げるか？

毎日長い時間ゲームをしていたり、スマホを利用していたりする子どもは成績が悪い傾向があるというデータは、いくつかの研究で報告されています。1時間か2時間までのゲームやスマホ使用であれば、成績は下がらないか若干高めなのですが、それを越えると成績が下がっていきます。注意したいのは、この結果は、ゲームやスマホ使用の時間と成績との関係を統計的に調べただけで、長い時間これらをやっていると成績が下がるという因果関係を示すものではないということです（第6章を参照）。榊浩平：『スマホはどこまで脳を壊すか』（朝日新書、2023）は、その関係性まで踏みこんでいます。

ゆとり教育で学力は落ちたのか？　PISAショック

1998年の学習指導要領によって、小中高の週5日制が始まり、総合的学習が導入されたこともあって、各教科の時間数も授業内容も大きく減らされました。21世紀を見すえて知識の習得から生きる力をつける方向へ舵を切ったのです。2011年まで続いたこの教育は「ゆとり教育」と呼ばれました。

ところが、OECD（経済協力開発機構）が行っている15歳児の学習到達度に関する調査である2003年のPISAの結果では、日本の順位が落ちてしまいました。読解力が8位から14位へ、数学的リテラシーが1位から6位となりました。一方で科学的リテラシーでは1位を保ちました。この結果から「ゆとり教育によって生徒の学力が落ちた」という声が巻き起こり、マスコミもPISAショックと呼んでこれに同調しました。

しかし、1998年に発表された学習指導要領は、2002年から実施なのです[注1]。ですから、2003年のPISAを受けた生徒は、中3の1年プラス高1の数ヵ月しかこの学習指導要領による教育を受けていません。小学校から中2までは、ゆとり教育以前の学習指導要領に沿った教育を受けていたわけです。

ですから、「ゆとり教育によってPISAの成績が落ちた」という非難は的外れです。「PISAの成績が落ちたから、ゆとり教育に踏みだすべきでない」という意見はあり得ますが。

2018年にも日本の順位が落ち、またしてもPISAショックと呼ばれました。2018年というのは、小学校1年生からPISAを受ける中学3年生まで「脱ゆとり」の教育を受けていた年代が受験した年にあたります。こちらも「ゆとり教育によってPISAの成績が落ちた」とはいえない結果です。

PISAの順位にもランキングの弊害（第2章）が現れています。点数を高い順に並べていけ

注1　学習指導要領に沿った教科書を準備し、検定を受けて、教育委員会や学校での選定を経るには、それだけの時間的余裕が必要なのです。

ばランキングは出来上がりますが、順位だけでは差や誤差についてはわかりません。２００３年の平均得点で比べてみると、数学リテラシーでは日本は1位グループに入っています。8位から14位に落ちたとなっている読解力では、誤差を考えると9〜14位に統計的に有意な差はありません。

最高の投資先

教育、すなわち人材育成は、確実で最も大きなリターンが見込める投資先だと言われています。特に、幼児教育（就学前教育）への投資がいちばん効果が高いのです（中室牧子：『「学力」の経済学』、ディスカヴァー・トゥエンティワン、２０１５、p・76）。アメリカのある研究によれば、4歳のときに投資した１００円が65歳のときに６０００円から３００００円ほどになって社会に還元されると言います（同書、p・82）。

図8－3は就学前教育への公的投資を日本、アメリカ、英国、フランス、ドイツの5か国で比較したものです。また、教育全体を見ても、日本は公的投資がGDP比で見て少ないことで知られています。図8－4に示すように、OECD各国の平均が4・9％であるのに対し、日本は3・3％で、最低に近いです。これらのデータは、文部科学白書２００９から取りました。少し

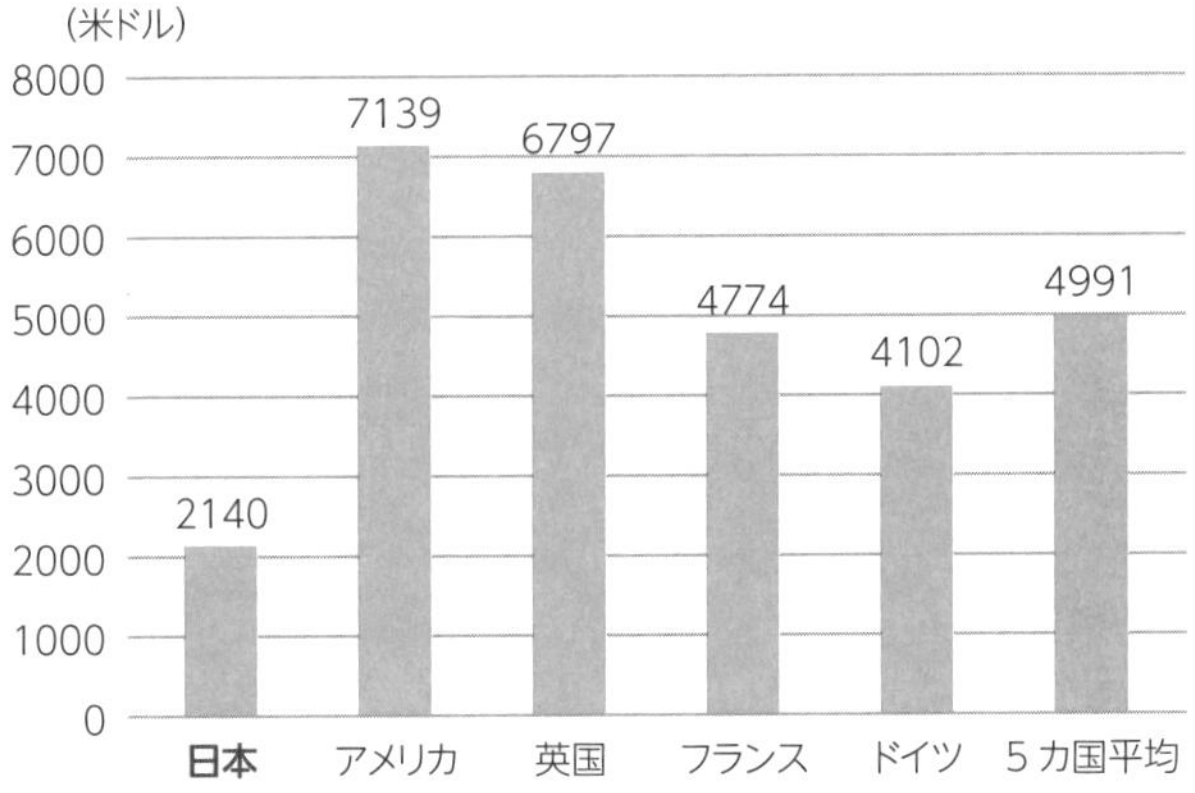

図 8-3　就学前教育への公的支出の 5 カ国比較

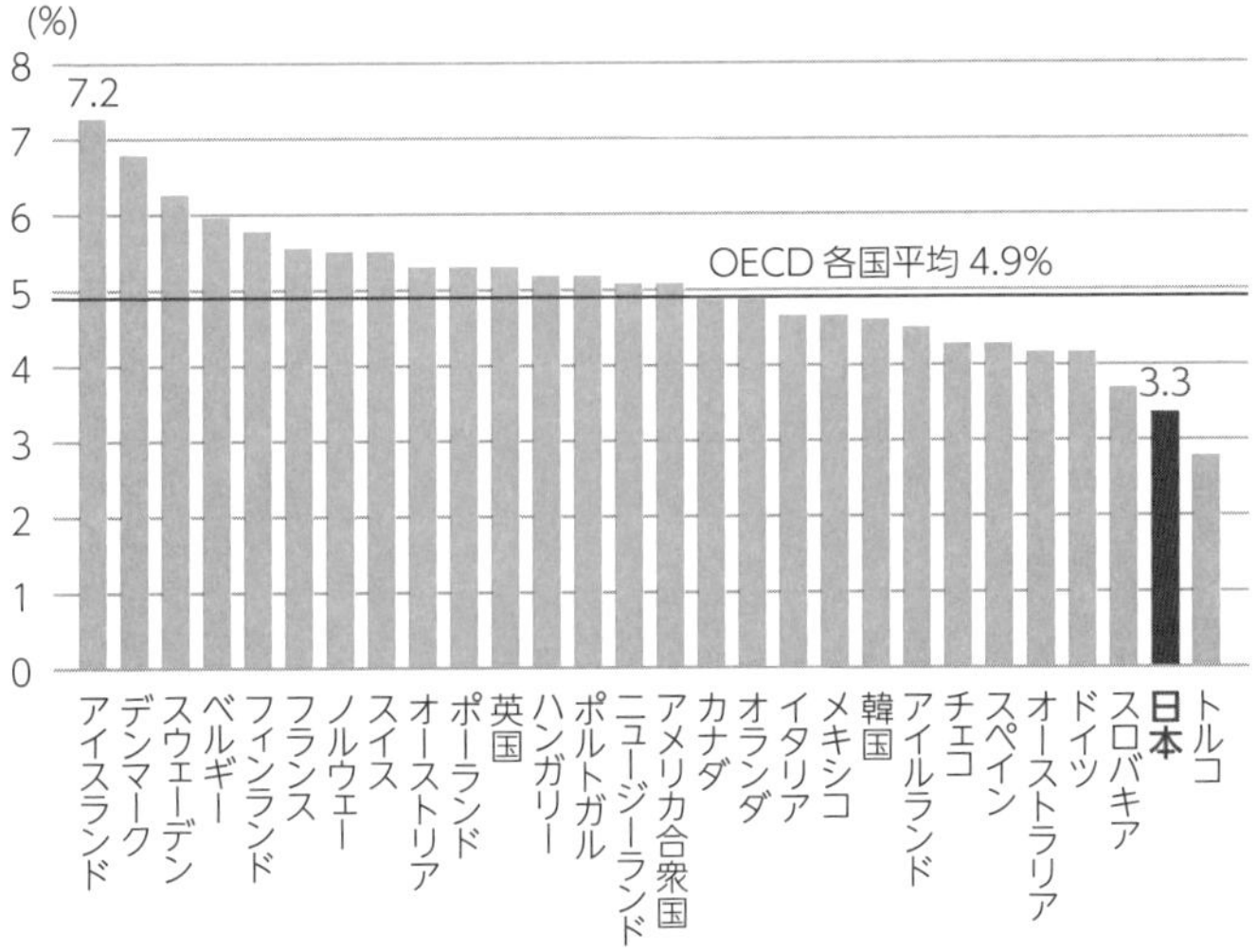

図 8-4　教育全体への公的支出の対 GDP 比
文部科学白書 2009 を基に作成。
トルコ（2.7%）は対象年のデータ提出がなかった。

古いですが、大勢は変わらないと思います。

演習8・3

公費による教育支出と私費（個人や家庭）による教育支出の割合が、各国でどのようになっているかを調べなさい。

解答

OECDのEducation at a Glance 2022による2019年のデータによると、日本は初等教育から中等教育（主に小学校から高校まで）の私費負担は7%、高等教育の私費負担は67%となっています。OECDにおける平均はそれぞれ10%と31%となっています。日本と近い水準にアメリカや韓国が挙げられます。一方で、デンマークやフィンランドなどの北欧には高等教育の私費負担が10%程度の国もあります。

演習8・4

南海トラフ地震によって最悪どれくらいの経済的被害が出ると予想されているか、調べてみま

しょう。それと国の1年の税収その他の収入とを比べてみてください。

解答

内閣府の出している令和元年の被害想定（https://www.bousai.go.jp/jishin/nankai/nankaitrough_info.html）によると、南海トラフ巨大地震による最悪の被害は資産等への被害が計171・6兆円、経済活動への被害が36・2兆円で、あわせて213・7兆円になると計算されています。2022年度の税収がおよそ70兆円なので、3年分にあたる途方もない額です。

南海トラフ地震の被害額は建物の耐震化率を上げ、出火防止対策等を備えておくことで資産等の被害を半減できると試算されています。加えて、津波避難の迅速化等によって生産・サービスの低下に起因する経済活動への影響も大きく減少させることができると試算されており、このような対策をとることも教育と同様に将来の投資といえるのではないでしょうか。

8.4 データに頼りすぎるな

データに頼りすぎるなということも大事です。1章で、データを大事にせよ、データに基づく議論をすべきであると言ってきたこととは、逆のように見えます。しかし、これもまた真実なのです。

世の中には、データ（数値）で表せないものがたくさんあります。また、数値に付随する実態やニュアンスのようなものは表せません。そのデータがどのようにして得られたのか、その数値の意味するものは何か、に思いをめぐらせなければならない場合もあります。

自殺者が年間2万人を超えるという数字の裏には、それだけ人生に行きづまって自殺という道を取らざるを得なかった人たちがいるわけです。その事情は一人ひとり異なるわけで、その一人ひとりと個別に関わり合う努力をしないと、自殺者は減らないでしょう。

もちろん、「生きづらい」社会を示すデータを変える努力もしなければなりません。データの背後には大きな社会問題もあるわけです。

健康にはあまりよくないデータが出ている食品でも、絶対食べないのが正しいとは限りませんし、上映されている中で一番評価の高い映画があなたにとって一番面白いとは限りません。

「数字がなければ、世界は理解できない。でも、数字だけでは世界はわからない。」（ハンス・ロスリング、オーラ・ロスリング、アンナ・ロスリング・ロンランド：『ＦＡＣＴＦＵＬＮＥＳＳ』、日経BP社、２０１９、第8章）

情報の取り過ぎを減らそう

食欲や睡眠欲とともに、ヒトは情報欲も持っています。ヒトの遠い祖先の生物のころから、生き延びるために受け継がれてきた性質です。食欲や睡眠欲には量的な限界があります。情報欲には限界がありません。

私たちは今や情報を取り過ぎなのではないでしょうか？　情報に接することを思いきって減らしてみてはどうでしょう。新聞・雑誌などの紙メディアを読む、テレビを見る、ウェブやＳＮＳで情報を探したり楽しんだりする、……、それらの情報は本当にあなたにとって必要なものですか？　意義のある情報ですか？

いま、情報は消費の対象です。さまざまな組織や個人ができるだけ多くの情報を消費させようと励んでいます。読んで終わり、見て終わりです。記憶や記録しておいて、後で役にたつかもしれない情報は、ほとんどありません。物について宣伝に乗せられてどんどん消費することが愚かであるのと同様に、消費して終わりの情報を見てまわる時間は、もったいないとは思いませんか？　お金は稼ぐこともできますが、失った時間は取り戻せないのですから。金持ちも貧乏人も、使える時間は平等で限りがあります。

演習8・5

情報に接することを思いきって減らすとしたら、あなたはどうしますか？

解答

この問題は自分で考えてみましょう。

第8章のまとめ

- あらゆるニュースは選択された事実です。
- 新聞やテレビは、複雑で多面的な現実を、ある視点で切り取って報道します。
- マスコミは広くカバーしようとするのにたいし、インターネット情報は狭い話題を深堀りする傾向があります。
- 偽・誤情報に引っかからないための注意を述べました。
- 複数のデータを関連づけると見えてくるものがあります。

- 教育、すなわち人材育成は、確実で最も大きなリターンが見込める投資先です。特に、幼児教育（就学前教育）への投資がいちばん効果が高いです。それにもかかわらず、日本の教育への公的支出は、国際的に低い額です。
- データ（数値）で表せないものがたくさんあります。データに頼りすぎないようにしましょう。
- 情報の取り過ぎを減らしましょう。

章扉の解説

A誌とB誌の見出しは発言の内容に反していないため、どちらも事実であるといえます。ただし、見出しだけでは発言の全体はつかめないので、本文を読むことや、複数の報道を見るといったことで、情報の偏りを防ぐ必要があります。

おわりに

この本は、技術評論社の菊池陽太氏の勧めによって書き始めました。氏は私が近代科学社から出した『よくわかるデータリテラシー　データサイエンスの基本』を読んで、さらにその入口となる本を書いてみてはどうかというメールをくださったのです。

できるだけ具体的な例を入れる、確率も統計も知らなくても読める、という方針で書きました。文系出身も含めた社会人の方々にも読みやすいように心がけました。

さまざまな本に巡りあう機会をつくってくれた浜松市立図書館に感謝します。その一部は引用しています。私の生活と健康を支えてくれている妻宣子に感謝します。この本が書けたのはそのお蔭です。

さらに知りたいときは

データの読みかた、書きかたについて、さらに知りたいときに読むとよいかもしれない本を挙げます。

- 阿部圭一：『よくわかるデータリテラシー　データサイエンスの基本』、近代科学社、2021
- 筒井淳也：『数字のセンスを磨く　データの読み方・活かし方』、光文社新書、2023
- 松本健太郎：『グラフをつくる前に読む本』、技術評論社、2017
- 松本健太郎：『データから真実を読み解くスキル』、日経BP、2021
- 明石順平：『データが語る日本財政の未来』、インターナショナル新書、2019

は行

ま行

や行

ら行

さ行

た行

な行

索引

英数字

あ行

か行

■著者略歴

阿部　圭一（あべ　けいいち）

名古屋大学大学院博士課程修了、工学博士。静岡大学、愛知工業大学を経て、現在はフリー。静岡大学名誉教授。専門は情報学、情報教育。

著書に『よくわかるデジタル数学―離散数学へのアプローチ』（近代科学社、2020年）、『よくわかるデータリテラシー　データサイエンスの基本』（近代科学社、2021年）など。

■お問い合わせについて

本書へのご意見、ご感想は、技術評論社ホームページ（https://gihyo.jp/）または以下の宛先へ、書面にてお受けしております。電話でのお問い合わせにはお答えいたしかねますので、あらかじめご了承ください。

●宛先

〒162-0846

東京都新宿区市谷左内町21-13

株式会社技術評論社　書籍編集部

『データサイエンス入門以前　データを正しく読み取るための基礎知識』係

FAX：03-3513-6183

『データサイエンス入門以前　データを正しく読み取るための基礎知識』

ウェブページ

https://gihyo.jp/book/2024/978-4-297-14067-0

データサイエンス入門《にゅうもん》以前《いぜん》

データを正《ただ》しく読《よ》み取《と》るための基礎知識《きそちしき》

2024年3月19日　初　版　第1刷発行

著　者　阿部《あべ》　圭一《けいいち》

発行者　片岡　巌

発行所　株式会社技術評論社

東京都新宿区市谷左内町21-13

電話　03-3513-6150　販売促進部

03-3513-6166　書籍編集部

印刷／製本　港北メディアサービス株式会社

定価はカバーに表示してあります。

●装丁

トップスタジオデザイン室

（嶋 健夫）

●本文デザイン

トップスタジオデザイン室

（阿保 裕美）

●DTP

株式会社トップスタジオ

（和泉 響子）

造本には細心の注意を払っておりますが、万一、乱丁（ページの乱れ）や落丁（ページの抜け）がございましたら、小社販売促進部までお送りください。送料小社負担にてお取り替えいたします。

ISBN978-4-297-14067-0 C3055

Printed in Japan